2023 中国水生动物卫生状况报告

2023 AQUATIC ANIMAL HEALTH IN CHINA

农业农村部渔业渔政管理局
Bureau of Fisheries, Ministry of Agriculture and Rural Affairs

全国水产技术推广总站
National Fisheries Technology Extension Center

中国农业出版社
北　京

编写说明

一、《2023中国水生动物卫生状况报告》以正式出版年份标序。其中，若无特别说明，第一章至第五章内容的起讫日期为2022年1月1日至2022年12月31日；第六章内容的截止日期为2023年6月30日。

二、本资料所称疾病，是指水生动物受各种生物性和非生物性因素的作用，而导致正常生命活动紊乱甚至死亡的异常生命活动过程。本资料所称疫病，是指传染病，包括寄生虫病。本资料所称新发病，是指未列入我国法定疫病名录，近年在我国新确认发生，且对水产养殖产业造成严重危害，并造成一定程度的经济损失和社会影响，需要及时预防、控制的疾病。

三、本资料内容和全国统计数据中，均未包括香港特别行政区、澳门特别行政区和台湾省。

四、读者对本报告若有建议和意见，请与全国水产技术推广总站联系。

编辑委员会

前言

2022年是“十四五”承上启下的关键之年，在全国水生动物防疫体系的共同努力下，中国水生动物防疫工作以促进水产养殖业高质量发展为目标，开拓创新，积极进取，取得了良好成效。全国水生动物疫病监测预警工作稳步开展，制定、发布、实施《2022年国家水生动物疫病监测计划》，在全国30个省（自治区、直辖市）和新疆生产建设兵团对13种重要疫病开展专项监测和调查。持续组织开展全国水产养殖动植物疾病测报和预警，对主要养殖区域、主要养殖品种的发病状况进行监测。水产苗种产地检疫制度有序推进，从源头防控水生动物疫病发生的检疫制度得到了全国各地的积极响应。进一步落实《全国动植物保护能力提升工程规划（2017—2025年)》，继续组织开展了全国水生动物防疫系统实验室检测能力验证，水生动物防疫体系能力建设持续加强。成立全国水产标准化技术委员会水产养殖病害防治分技术委员会，有力提升我国水生动物防疫标准化工作水平。优化“鱼病远诊网”服务方式和功能，水产养殖疾病防控技术服务能力和工作效率不断提高。为适应新冠肺炎疫情防控常态化需要，持续开设线上“全国水产养殖疾病防控专家直播大讲堂”，编印《水生动物防疫系列宣传图册》等材料，组织制作重要水生动物疫病系列科普视频，为确保不发生区域性重大水生动物疫情，促进提升水产品稳产保供能力发挥了重要作用。

2022年我国水产品总产量6 865.9万吨。其中，养殖产量5 565.5万吨，占水产品总产量的81.1%，比2021年提高0.5个百分点。海水养殖产量2 275.7万吨，占水产养殖产量的40.9%；淡水养殖产量3 289.8万吨，占水产养殖产量的59.1%。

2023年，全国水生动物防疫体系要紧紧围绕渔业现代化建设目标，不断提高水生动物疫病防控工作能力和水平，为保障水产品稳定安全供给、促进渔业高质量发展保驾护航。

农业农村部渔业渔政管理局局长：刘新中

2023年10月

目　录

第一章　2022年全国水生动植物疾病发生概况

2022年，农业农村部继续组织开展全国水产养殖动植物疾病测报，实施《2022年国家水生动物疫病监测计划》，对主要养殖区域、重要养殖品种的主要疾病进行监测。监测养殖面积近27.5万公顷，约占水产养殖总面积的4%。

一、发生疾病养殖种类

根据全国水产养殖动植物疾病测报结果，2022年对79种养殖种类进行了监测，监测到发病的养殖种类有67种，包括鱼类41种、虾类9种、蟹类3种、贝类8种、藻类2种、两栖/爬行类3种、棘皮动物类1种，主要的养殖鱼类和虾类都监测到疾病发生（表1）。

表1　2022年全国监测到发病的养殖种类

类别		种类	数量
淡水	鱼类	青鱼、草鱼、鲢、鳙、鲤、鲫、鳊、泥鳅、鲇、鮰、黄颡鱼、鲑、鳟、河鲀、短盖巨脂鲤、长吻鮠、黄鳝、鳜、鲈、乌鳢、罗非鱼、鲟、鳗鲡、鲮、倒刺鲃、鲌、笋壳鱼、白斑狗鱼、光唇鱼、马口鱼、金鱼、锦鲤	32
	虾类	罗氏沼虾、日本沼虾、克氏原螯虾、凡纳滨对虾、澳洲岩龙虾	5
	蟹类	中华绒螯蟹	1
	贝类	河蚌	1
	两栖/爬行类	龟、鳖、大鲵	3

（续）

类别		种类	数量
海水	鱼类	鲈、鲆、大黄鱼、河鲀、石斑鱼、鲷、半滑舌鳎、卵形鲳鲹、鮸	9
	虾类	凡纳滨对虾、斑节对虾、中国明对虾、脊尾白虾	4
	蟹类	梭子蟹、拟穴青蟹	2
	贝类	牡蛎、鲍、螺、蛤、扇贝、蛏、蚶	7
	藻类	海带、紫菜	2
	棘皮动物	海参	1
合计			67

二、主要疾病

淡水鱼类主要疾病有：鲤春病毒血症、草鱼出血病、传染性造血器官坏死病、锦鲤疱疹病毒病、传染性脾肾坏死病、鲫造血器官坏死病、鲤浮肿病、鳗鲡疱疹病毒病、传染性胰脏坏死病、细菌性败血症、链球菌病、小瓜虫病、黏孢子虫病、水霉病等。

海水鱼类主要疾病有：病毒性神经坏死病、石斑鱼虹彩病毒病、大黄鱼内脏白点病、鱼爱德华氏菌病、诺卡氏菌病、刺激隐核虫病、本尼登虫病等。

虾蟹类主要疾病有：白斑综合征、传染性皮下和造血组织坏死病、十足目虹彩病毒病、急性肝胰腺坏死病、虾肝肠胞虫病、梭子蟹肌孢虫病等。

贝类主要疾病有：牡蛎疱疹病毒病、鲍脓疱病、三角帆蚌气单胞菌病等。

两栖、爬行类主要疾病有：鳖腮腺炎病、蛙脑膜炎败血症、鳖溃烂病、红底板病等。

三、主要养殖模式的发病情况

2022年监测的主要养殖模式有海水池塘、海水网箱、海水工厂化、淡水池塘、淡水网箱和淡水工厂化。从不同养殖方式的发病情况看，平均发病面积率约14.3%，和2021年基本持平。其中，海水池塘养殖和海水工厂化养殖发病面积率仍然维持在较低水平；但是，淡水池塘养殖和淡水工厂化养殖发病面积率却仍然居高不下；海水网箱养殖和淡水网箱养殖的发病面积率与上一年相比降幅较大（图1）。

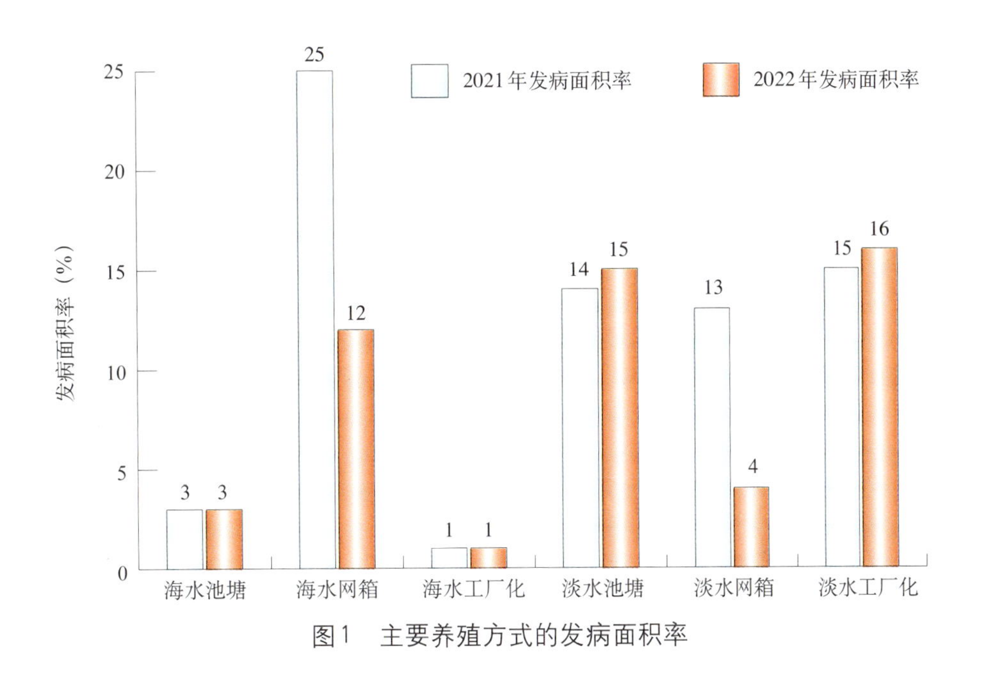

图1　主要养殖方式的发病面积率

四、经济损失情况

2022年，我国水产养殖因疾病造成的测算经济损失约517亿元（人民币，下同），约占水产养殖总产值的4.1%，约占渔业产值的3.4%，比2021年减少了22亿元。但是疾病依然是水产养殖产业发展的主要瓶颈。2022年，虾肝肠胞虫病、十足目虹彩病毒病以及对虾玻璃苗弧菌病等新发病对甲壳类养殖造成较大危害，草鱼出血病、鲫造血器官坏死病、病毒性神经坏死病、石斑鱼虹彩病毒病等对鱼类养殖造成较大危害。另外，草鱼、黄颡鱼、斑点叉尾鮰、对虾等主要养殖品种均发生不同规模疫情；山东养殖海带出现大规模病烂现象，造成了较大的经济损失。

在疾病造成的经济损失中，甲壳类损失最大，为168亿元，约占32.5%；鱼类损失135亿元，约占26.1%；贝类损失148亿元，约占28.6%；其他水生动物损失33亿元，约占6.4%；海带等水生植物损失33亿元，约占6.4%。主要养殖种类测算经济损失情况如下：

（1）甲壳类　因疾病造成测算经济损失较大的主要有：中华绒螯蟹66亿元，凡纳滨对虾54亿元，罗氏沼虾21亿元，斑节对虾9亿元，克氏原螯虾9亿元，拟穴青蟹5亿元，梭子蟹4亿元。和2021年相比，2022年除十足目虹彩病毒病引起罗氏沼虾发病，造成较高的死亡率外，总体而言，甲壳类的测算经济损失与2021年相比略有下降。

（2）鱼类　因疾病造成测算经济损失较大的主要有：草鱼19亿元，鲈15亿元，石斑鱼13亿元，鳗鲡12亿元，鲫9亿元，鳜8亿元，黄颡鱼8亿元，鳙8亿元，鲤7亿元，鲢7亿元，大黄鱼6亿元，罗非鱼6亿元，卵形鲳鲹5亿元，乌鳢4亿元，黄鳝3亿元，鮰2亿元，鲟和鲑鳟2亿元，鲆鲽类1亿元。和2021年相比，2022年除卵形鲳鲹、鳗鲡等少数品种因疾病经济损失有所增加外，大部分鱼类养殖品种测算经济损失比2021年略有下降。

（3）贝类 因疾病造成测算经济损失较大的主要有：牡蛎56亿元，蛏21亿元，扇贝19亿元，鲍19亿元，蛤17亿元，螺10亿元，蚶5亿元，贻贝1亿元。和2021年相比，除2022年蛏发病造成较高的死亡率外，总体而言，贝类的测算经济损失比2021年略有下降。

（4）其他水生动物 因疾病造成测算经济损失较大的主要有：海参27亿元，鳖5亿元，龟1亿元。总体而言，测算经济损失与2021年持平。

另外，水生植物因疾病造成测算经济损失较大的主要有：海带25亿元，紫菜8亿元。2021年年末，山东荣成养殖海带首次出现大规模病烂现象，造成荣成海带产量减少80%以上，造成较大经济损失。2022年年末，江苏连云港养殖紫菜首次出现大规模不出苗、烂苗现象，连云区、徐圩新区90%以上紫菜养殖海域受损，预计也将对2023年度紫菜产量和产值产生较大影响。

五、发病趋势

2023年，农业农村部将深入贯彻党中央决策部署，围绕保障水产品稳定安全供给的目标任务，进一步落实《全国动植物保护能力提升工程规划（2017—2025年）》，不断健全完善水生动物疫病防控体系，严格水产苗种生产监管，督导落实水产苗种产地检疫制度，开展国家重要水生动物疫病监测预警、应急防控、风险评估和净化处理，推进无规定水生动物疫病苗种场创建与评估，从源头降低疾病发生和传播风险，多措并举保障水生动物生物安全、水产养殖生产安全和水产品质量安全。

总体上，由于我国重要疫病专项监测覆盖面不足、现有水生动物疫苗种类较为有限、养殖者生物安全意识不强和防护能力参差不齐等问题依然存在，再加上自然灾害以及恶劣天气的影响，2023年水生动植物疫病防控形势依然严峻，局部地区仍有可能出现突发疫情。特别是在春季，我国大部分区域养殖淡水鱼未开口吃食，鱼体营养及能量持续消耗，同时随着温度上升，水体中病原微生物的活力会逐渐增强，可能造成部分养殖淡水鱼类出现“越冬综合征”。大口黑鲈、黄颡鱼等养殖品种仍有可能出现细菌性、病毒性疾病高发现象，导致经济损失。十足目虹彩病毒病、白斑综合征、玻璃苗弧菌病等疾病仍有可能对甲壳类养殖品种造成较大危害。

第二章　水生动物重要疫病风险评估

2022年，农业农村部发布了《2022年国家水生动物疫病监测计划》（以下简称《国家监测计划》），针对鲤春病毒血症等重要水生动物疫病进行专项监测和调查，同时组织专家进行了风险评估。

一、鱼类疫病

（一）鲤春病毒血症（Spring viraemia of carp，SVC）

1. 监测情况

（1）监测范围　《国家监测计划》对SVC的监测范围包括北京、天津、河北、山西、内蒙古、辽宁、吉林、上海、江苏、江西、山东、河南、湖北、湖南、重庆、四川、陕西、宁夏、新疆19个省（自治区、直辖市）和新疆生产建设兵团，涉及145个县201个乡（镇）。监测对象主要有鲤和锦鲤，以及少量金鱼、鲢和鳙等。

（2）监测结果　共设置监测养殖场点262个，检出了鲤春病毒血症病毒（SVCV）阳性养殖场点1个，平均阳性养殖场点检出率为0.4%。其中，国家级原良种场4个，未检出阳性；省级原良种场53个，阳性1个，检出率1.9%；苗种场66个，未检出阳性；观赏鱼养殖场32个，未检出阳性；成鱼养殖场107个，未检出阳性（图2）。

在19省（自治区、直辖市）和新疆生产建设兵团中，仅山西检出了阳性样品。山西5个监测养殖场点检出了1个阳性，检出率为20.0%。

19省（自治区、直辖市）和新疆生产建设兵团共采集样品280批次，检出了阳性样品1批次，平均阳性样品检出率为0.4%，该批次阳性样品属于Ⅰa基因型。

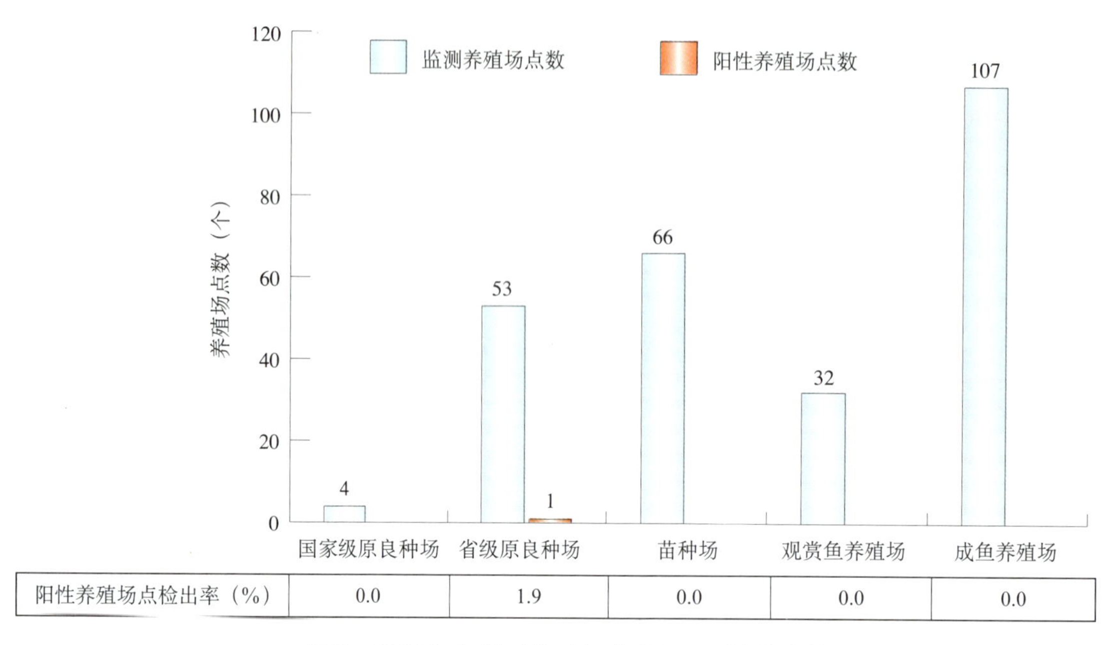

阳性养殖场点检出率（%）	0.0	1.9	0.0	0.0	0.0

图2　2022年各类型养殖场点SVCV阳性检出情况

（3）阳性养殖品种和养殖模式　监测的养殖品种有鲤、锦鲤、草鱼、鲫、金鱼、鲢、鳙、鳊和洛氏鱥。其中，仅在鲤中检出了阳性样品。阳性养殖场的养殖模式为淡水池塘养殖。

2. 风险评估

（1）SVCV在我国流行分布较广。我国已在23个省（自治区、直辖市）和新疆生产建设兵团开展了SVC监测，山西省今年首次监测到阳性样品。过去数年中，在参加监测的省（自治区、直辖市）中，仅青海省和广西壮族自治区未监测到阳性样品。天津、内蒙古、上海、山东、河南以及湖北等省（自治区、直辖市）阳性样品检出较多，必要时应加大对这些地区的监测和防控力度，降低疫情暴发风险。

（2）苗种传播SVCV的风险较高。近两年SVC监测结果阳性率处在较低值，但阳性养殖场均属于国家级原良种场或省级原良种场。在2017—2022年监测到的阳性样品中，规格在0 ~ 10 cm的苗种样品占阳性样品总数的65.8%。SVCV通过苗种传出并扩散的风险较高，对我国鱼类种质资源存量及优良亲本和苗种供应战略保障具有极大潜在的风险。

（3）历年监测结果表明，截至目前，我国共监测到两种基因型的SVCV毒株，分别是Ⅰa基因型和Ⅰd基因型。其中，Ⅰa基因型SVCV毒株在我国流行较为广泛，在2020年前，我国监测到的SVCV毒株均属于该基因型毒株；而Ⅰd基因型SVCV毒株首次在我国发现是2020年在天津市的2个养殖场鲤样品中检测到。这两种基因型毒株均存在引起鲤科鱼类暴发鲤春病毒血症疫情的风险，后期应加强对我国SVCV毒株基因遗传进化的分析，掌握其病原基因型流行情况。

下一步风险管控建议：一是规范对阳性养殖场的后续处置，做好阳性养殖场的流行病学信息调查，查明阳性监测养殖场点苗种的来源和去向，并进行溯源和关联性分析；二是优化监测方案，进一步加强对连续监测出阳性样品省份地区的监测，扩大监测区域和范围；三是加强苗种监测，提高苗种管理质量，强化苗种产地检疫，实行产地溯源制度；四是应持续关注SVCV、鲤浮肿病毒（CEV）和锦鲤疱疹病毒（KHV）三种病毒共感染现象，掌握病毒间感染、复制、共生的机制，为疫病的综合防控提供更多的技术支持。

（二）锦鲤疱疹病毒病（Koi herpesvirus disease，KHVD）

1. 监测情况

（1）监测范围 《国家监测计划》对KHVD的监测范围是北京、天津、河北、内蒙古、辽宁、吉林、黑龙江、江苏、安徽、江西、山东、湖南、广东、重庆、四川和陕西16个省（自治区、直辖市），涉及126个区（县）182个乡镇。监测对象主要是锦鲤、鲤。

（2）监测结果 共设置监测养殖场点223个，检出了锦鲤疱疹病毒（KHV）阳性养殖场点3个，平均阳性养殖场点检出率为1.3%。其中，国家级原良种场3个，未检出阳性；省级原良种场35个，未检出阳性；苗种场43个，未检出阳性；观赏鱼养殖场47个，1个阳性，检出率为2.1%；成鱼养殖场95个，2个阳性，检出率为2.1%（图3）。

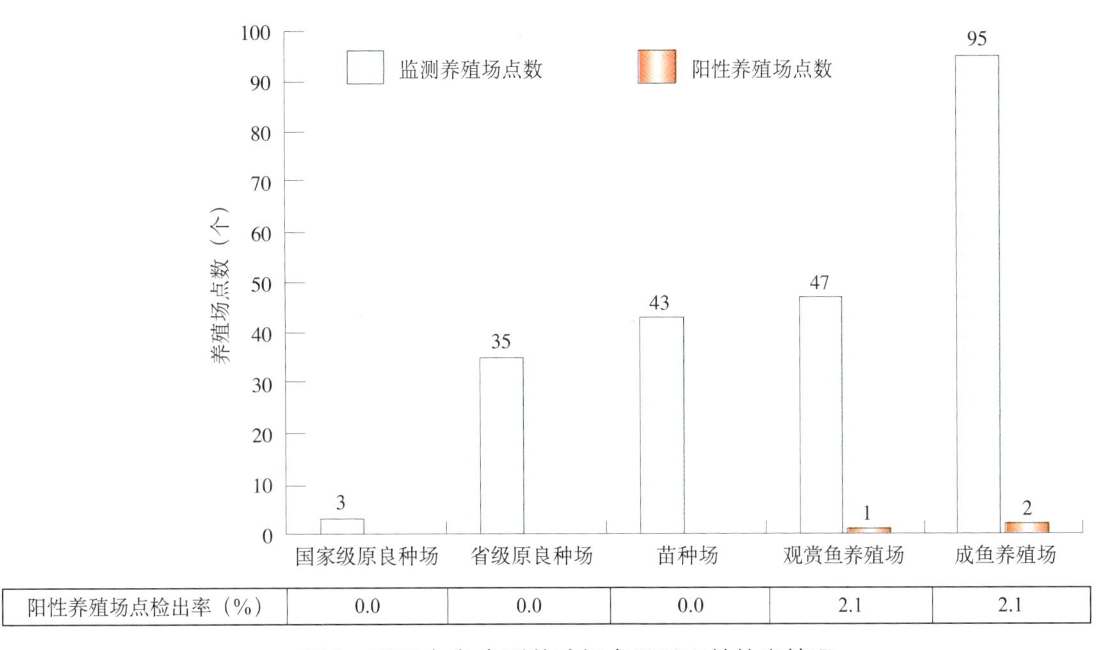

阳性养殖场点检出率（%）	0.0	0.0	0.0	2.1	2.1

图3　2022年各类型养殖场点KHV阳性检出情况

在16省（自治区、直辖市）中，天津和广东2省（直辖市）检出了阳性样品。其中，天津10个监测养殖场点检出了2个阳性，检出率为20%；广东12个监测养殖场点检出了1个阳性，检出率为8.3%（图4）。

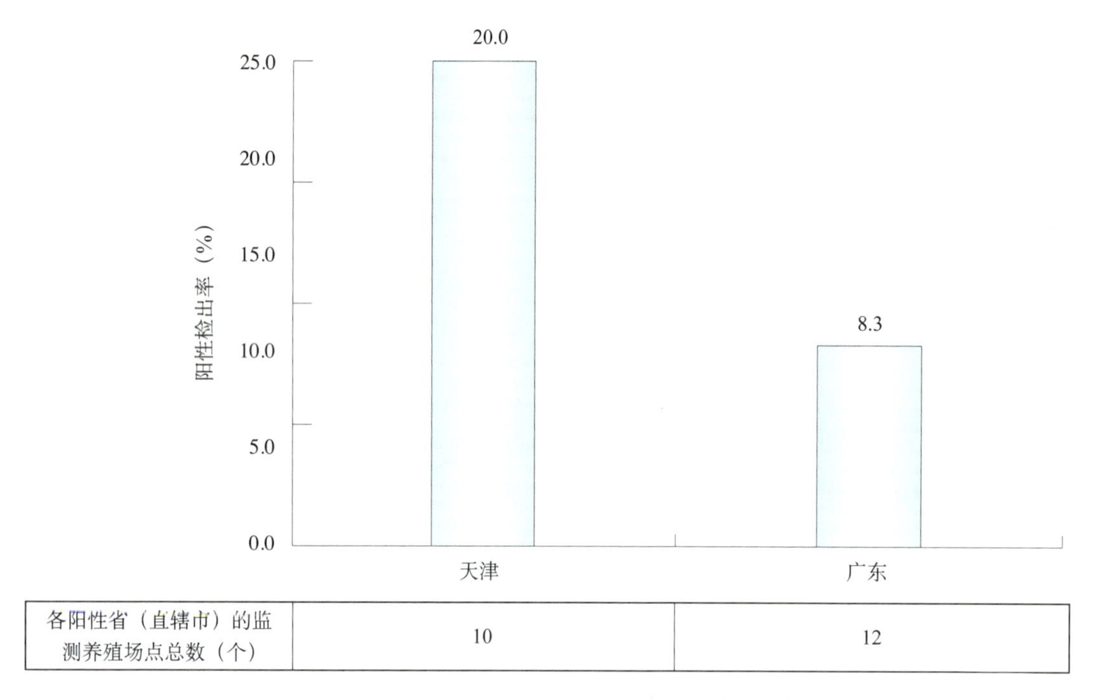

图4　2022年2个KHV阳性省份的阳性养殖场点检出率（%）

16省（自治区、直辖市）共采集样品243批次，检出了阳性样品3批次，平均阳性样品检出率为1.2%。

（3）阳性养殖品种和养殖模式　监测的养殖品种主要是锦鲤、鲤。其中，锦鲤检出了阳性样品。阳性养殖场的养殖模式均为淡水池塘养殖。

2. 风险评估

2022年度监测结果显示，KHV 阳性养殖场点检出率为1.3%，与2021年相比，阳性检出率有所降低。

连续9年的监测结果分析显示，包括国家级原良种场在内的各种类型监测养殖场点中均有锦鲤感染KHV。而且，在近9年共检出的86批次KHV阳性样品中，锦鲤占到了72.1%，其阳性检出率要远远高于其他养殖品种，因此其养殖感染风险是最大的。鲤占到了24.4%，除了国家级原良种场，包括省级原良种场在内的其他4种类型养殖场点均检出过KHV阳性。禾花鲤共检出过3批次KHV阳性，均为2014年检出。综上所述，锦鲤依然是KHV感染的主要风险品种，其次是鲤，鲤普通变种的感染风险较小。

从不同类型监测养殖场点监测结果来看，相比其他类型的养殖场，观赏鱼养殖场感染风险最高，其次是成鱼养殖场、苗种场，国家级原良种场和省级原良种场感染风险相对较低一些，但是也曾检出KHV阳性。往年检出阳性较多的地区近年来阳性检出率逐渐下降，表明苗种产地检疫以及专项监测力度的不断加强，在KHV监测与防控方面起到显著作用。

（三）草鱼出血病（Grass carp heamorrhagic diease，GCHD）

1. 监测情况

（1）监测范围 《国家监测计划》对GCHD的监测范围包括天津、河北、内蒙古、上海、江苏、浙江、安徽、江西、山东、河南、湖北、湖南、广西、重庆、四川、贵州、宁夏17个省（自治区、直辖市），涉及133个区（县）184个乡（镇）。监测对象以草鱼为主，另包括3批次青鱼样品。

（2）监测结果 共设置监测养殖场点239个，检出了草鱼呼肠孤病毒（GCRV）阳性养殖场点29个，平均阳性养殖场点检出率为12.1%。其中，国家级原良种场6个，未检出阳性；省级原良种场56个，阳性9个，检出率16.1%；苗种场76个，阳性7个，检出率9.2%；观赏鱼养殖场1个，未检出阳性；成鱼养殖场100个，13个阳性，检出率13.0%（图5）。

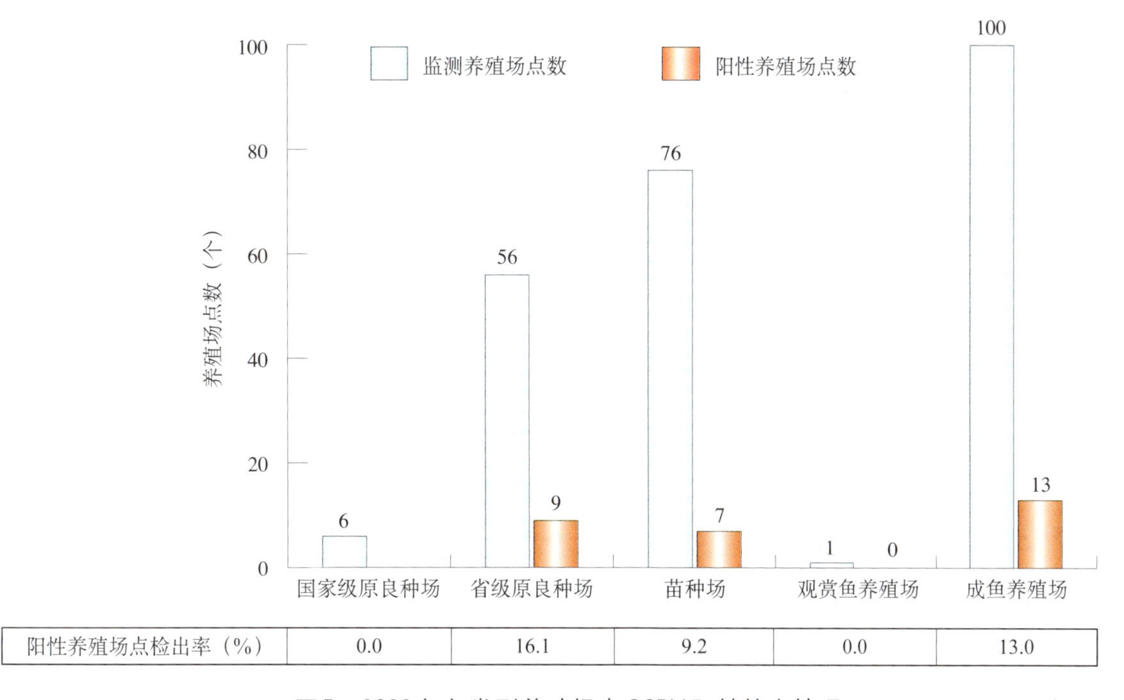

图5 2022年各类型养殖场点GCRV阳性检出情况

在17省（自治区、直辖市）中，天津、河北、内蒙古、江苏、安徽、江西、湖北、湖南和广西9省（自治区、直辖市）检出了阳性样品。其中，内蒙古的阳性养殖场点检出率最高，5个养殖场点均检出阳性；其次是天津，5个养殖场点检出4个阳性（图6）。

17省（自治区、直辖市）共采集样品243批次，检出了阳性样品29批次，平均阳性样品检出率为11.9%。

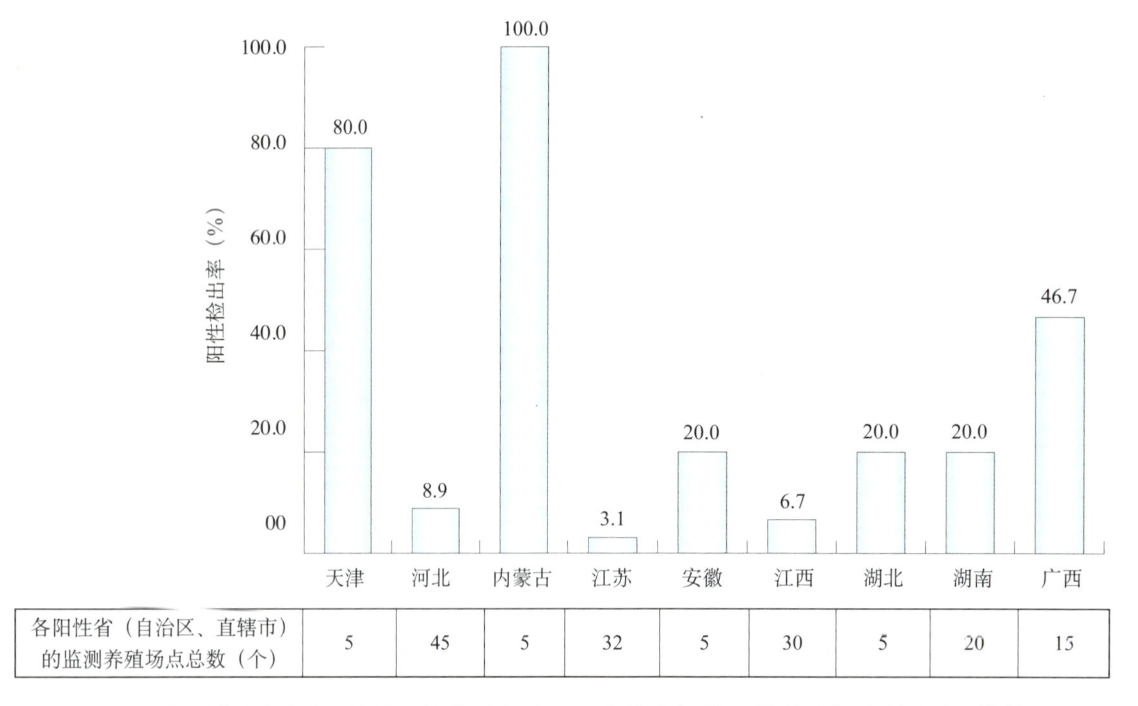

各阳性省（自治区、直辖市）的监测养殖场点总数（个）	5	45	5	32	5	30	5	20	15

图6　2022年9个GCRV阳性省（自治区、直辖市）的阳性养殖场点检出率（%）

（3）阳性样品品种和养殖模式　监测的养殖品种为草鱼和青鱼，其中，仅在草鱼中检出了阳性样品。阳性养殖场的养殖模式全部为淡水池塘养殖。

2. 风险评估

GCRV在我国草鱼主养地区广泛流行。自2015年以来连续8年开展监测，不仅在湖北、广东等草鱼苗种生产地区检测到阳性样品，在江西、湖南、广西等草鱼成鱼养殖地区也有阳性样品检出。2022年内蒙古和天津两地阳性率最高，分别达100%和80%，这提醒我们应注意加强苗种产地检疫，科学管控苗种跨地区流通。2022年全部GCRV阳性检出样品中，10厘米以下的样品占阳性样品总数的18.3%，10 ～ 20厘米的样品占阳性样品总数的31.0%，大于20厘米的样品占阳性样品总数的20.7%，表明草鱼苗种占阳性样品比例最高。苗种携带病原进一步加大了草鱼出血病随苗种流通在养殖地区之间传播的风险。

（四）传染性造血器官坏死病
（Infectious haematopoietic necrosis，IHN）

1. 监测情况

（1）监测范围　《国家监测计划》对IHN的监测范围包括北京、河北、辽宁、吉林、黑龙江、山东、云南、陕西、甘肃、青海和新疆11个省（自治区、直辖市），涉及40个区（县）62个乡（镇）。监测对象主要是虹鳟（包括金鳟）等鲑鳟鱼类。

（2）监测结果　共设置监测养殖场点117个，检出了传染性造血器官坏死病病毒（IHNV）阳性养殖场点13个，平均阳性养殖场点检出率为11.1%。其中，国家级原良种场2个，未检出阳性；省级原良种场9个，阳性1个，检出率11.1%；苗种场13个，阳性2个，检出率15.4%；引育种中心1个，未检出阳性；成鱼养殖场92个，阳性10个，检出率10.9%（图7）。

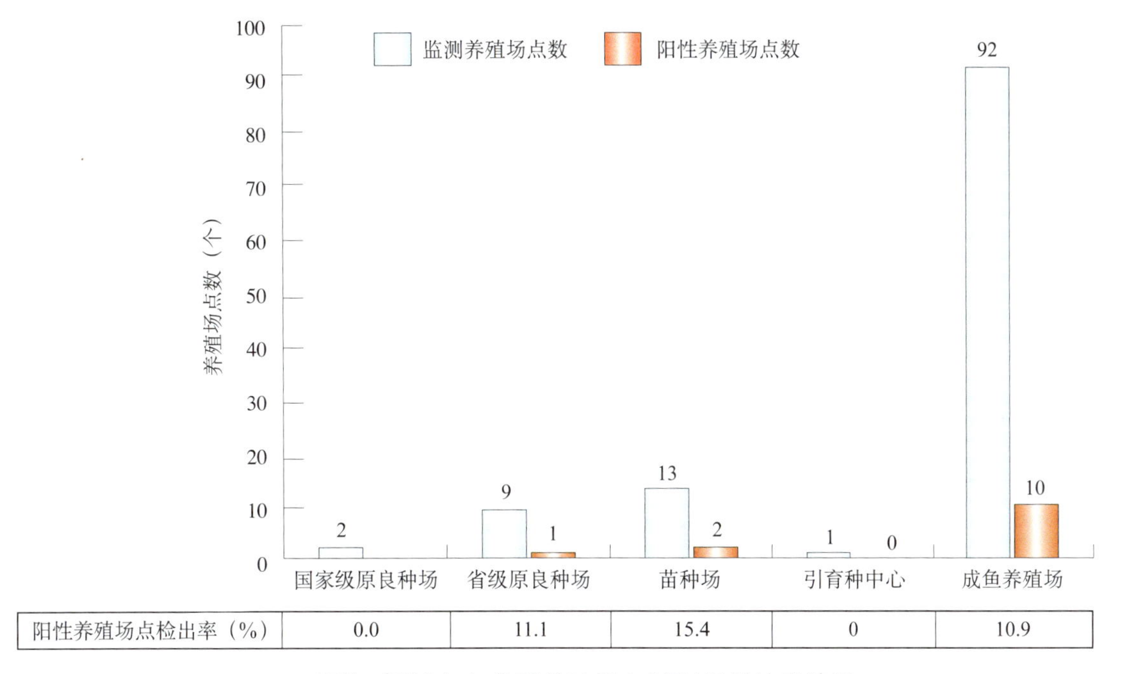

阳性养殖场点检出率（%）	0.0	11.1	15.4	0	10.9

图7　2022年各类型养殖场点IHNV阳性检出情况

在11省（自治区、直辖市）中，在河北6个、辽宁4个、陕西2个和甘肃1个监测养殖场点检出阳性（图8）。

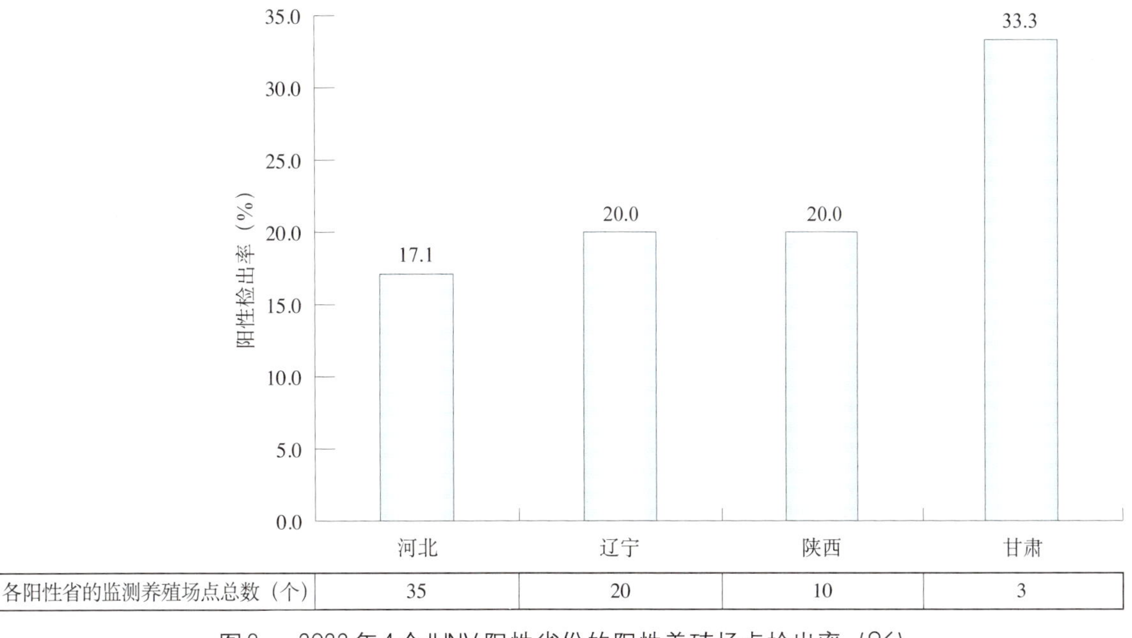

各阳性省的监测养殖场点总数（个）	35	20	10	3

图8　2022年4个IHNV阳性省份的阳性养殖场点检出率（%）

11省（自治区、直辖市）共采集样品143批次，检出了阳性样品13批次，平均阳性样品检出率为9.1%。

（3）阳性养殖品种和养殖模式 监测的养殖品种有虹鳟（包括金鳟）和鲑。其中阳性样品均为虹鳟。阳性养殖场的养殖模式为流水养殖、工厂化养殖和淡水网箱养殖。

2. 风险评估

2022年全国阳性养殖场点检出率11.1%，较前4年有所上升。在河北、辽宁和甘肃再次检出IHNV；陕西自2015年纳入监测以来，首次检出IHNV阳性；而山东和云南本年度未检出，但不排除有IHN存在。在我国，虹鳟IHN发生风险依然较高，需要持续加强防控工作。

（五）病毒性神经坏死病（Viral nervous necrosis，VNN）

1. 监测情况

（1）监测范围 《国家监测计划》对VNN的监测范围包括辽宁、浙江、福建、山东、广东、广西和海南等7个省（自治区），涉及40个区（县）60个乡（镇）。监测对象以石斑鱼、鲆、大黄鱼、鲷、鲈（海水）、卵形鲳鲹和半滑舌鳎等海水鱼类为主。

（2）监测结果 共设置监测养殖场点120个，检出了病毒性神经坏死病病毒（VNNV）阳性养殖场点23个，平均阳性养殖场点检出率为19.2%。其中，国家级原良种场6个，阳性1个，检出率16.7%；省级原良种场20个，阳性5个，检出率25.0%；苗种场32个，阳性10个，检出率31.3%；成鱼养殖场62个，阳性7个，检出率11.3%（图9）。

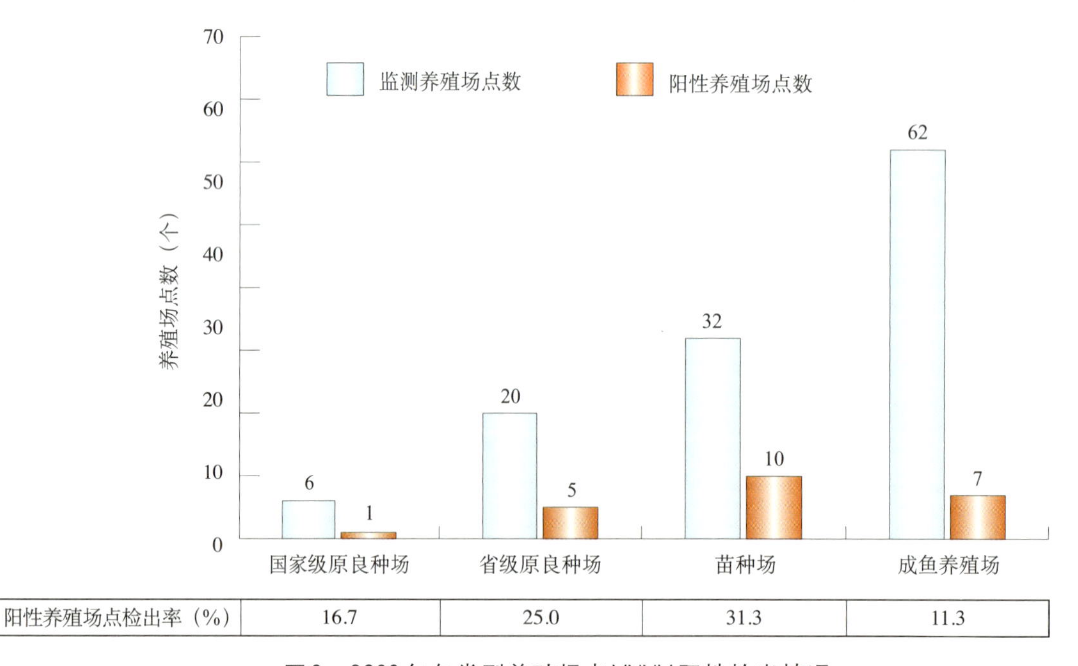

阳性养殖场点检出率（%）	16.7	25.0	31.3	11.3

图9 2022年各类型养殖场点VNNV阳性检出情况

在7省（自治区）中，浙江、福建、广东、广西、海南5省（自治区）检出了阳性样品。其中，海南的阳性养殖场点检出率最高，15个监测养殖场点检出了10个阳性（图10）。

7省（自治区）共采集样品135批次，检出了阳性样品24批次，平均阳性样品检出率为17.8%。

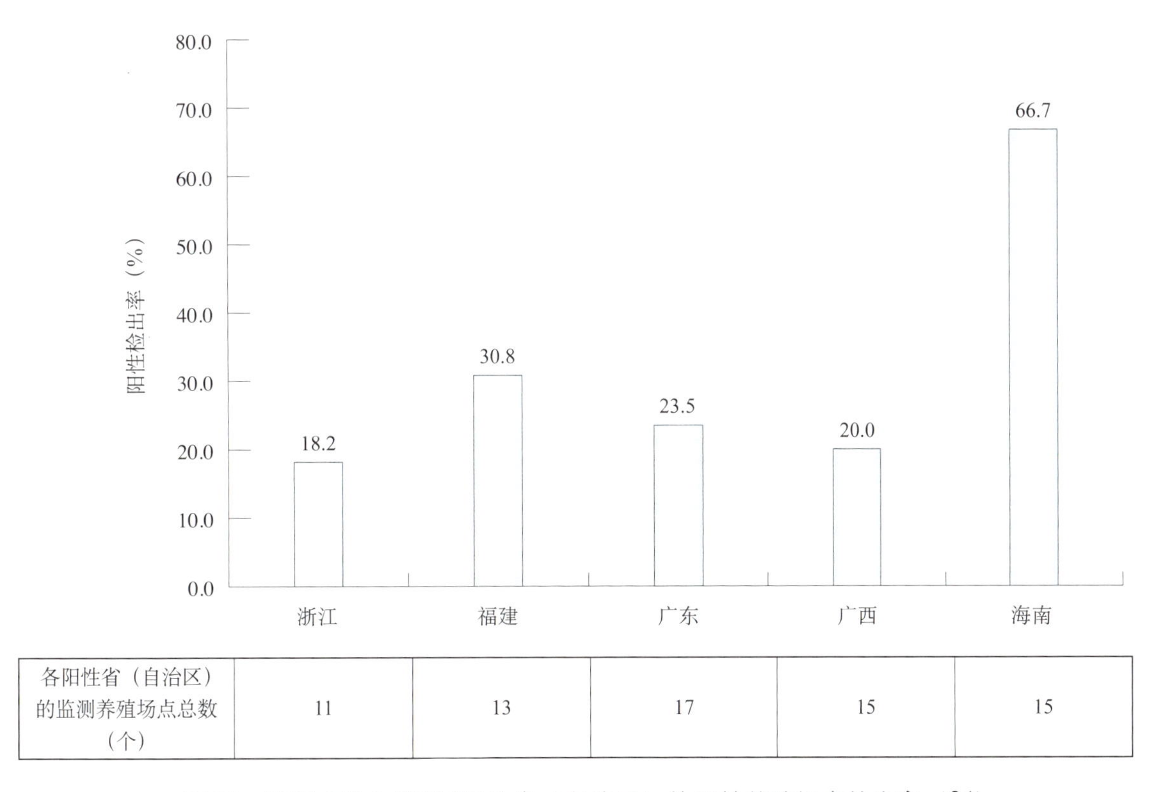

各阳性省（自治区）的监测养殖场点总数（个）	11	13	17	15	15

图10　2022年5个VNNV阳性省（自治区）的阳性养殖场点检出率（%）

（3）阳性养殖品种和养殖模式　监测的养殖品种包括石斑鱼、鲆、大黄鱼、鲷、鲈（海水）、卵形鲳鲹、半滑舌鳎、河鲀、鲽、多带金钱鱼、许氏平鲉等。其中，在石斑鱼、大黄鱼、鲈（海水）、多带金钱鱼和鲷中检出了阳性样品。阳性养殖场的养殖模式有池塘养殖、工厂化养殖和网箱养殖。

2. 风险分析

（1）VNN对我国水产养殖的危害程度逐步增大　自2016年我国将VNN列入监测计划以来，共检测到阳性样品262批次，品种包括石斑鱼、卵形鲳鲹、鲆、河鲀、大黄鱼、鲈（海水）、多带金钱鱼和鲷。监测结果显示，VNNV在我国感染的宿主种类在逐渐增加，且感染的水温范围进一步扩大，2022年首次在水温35℃以上检测到阳性样品。VNNV宿主种类和感染水温的拓展进一步加大了VNNV的传播风险，对我国水产养殖的危害程度在不断加大。

（2）苗种感染和传播VNNV的风险高于成鱼　2016—2022年，各类型养殖场点VNNV

阳性检出情况为：国家级原良种场3.3%、省级原良种场27.3%、苗种场22.9%、成鱼养殖场13.3%，苗种场的监测养殖场点阳性率要高于成鱼养殖场。另外，综合历年监测情况，VNNV不仅会对小规格苗种产生危害，也会感染较大规格的鱼体，甚至是商品鱼规格的鱼体，但2016—2022年的262批次阳性样品中，规格在10cm以下的有224批次，占阳性样品的85.5%，说明VNNV感染的对象仍然以苗种为主。

（3）石斑鱼等海水鱼类是VNNV感染的主要品种 2016—2022年连续7年的监测结果表明，VNNV在我国感染的宿主逐渐增多，涵盖了8个主要养殖品种，其中石斑鱼仍然是VNNV感染的主要品种，2016—2022年每年均有石斑鱼VNNV阳性样品检出，VNNV感染的宿主中石斑鱼的累计阳性率达39.2%，且阳性数量约占阳性品种总量的89.7%。

（六）鲫造血器官坏死病
（Crucian carp haematopoietic necrosis，CHN）

1. 监测情况

（1）监测范围 《国家监测计划》对CHN的监测范围包括北京、天津、河北、上海、江苏、浙江、安徽、江西、山东、河南、湖北、湖南、重庆和四川14个省（直辖市），涉及118个（区）县158个乡（镇）。监测对象主要是鲫，少部分为金鱼。

（2）监测结果 共设置监测养殖场点200个，检出了鲤疱疹病毒Ⅱ型（CyHV-2）阳性养殖场点3个，平均阳性养殖场点检出率1.5%。其中，国家级原良种场5个，未检出阳性；省级原良种场29个，未检出阳性；苗种场51个，未检出阳性；观赏鱼养殖场10个，阳性1个，检出率10.0%；成鱼养殖场105个，阳性2个，检出率1.9%（图11）。

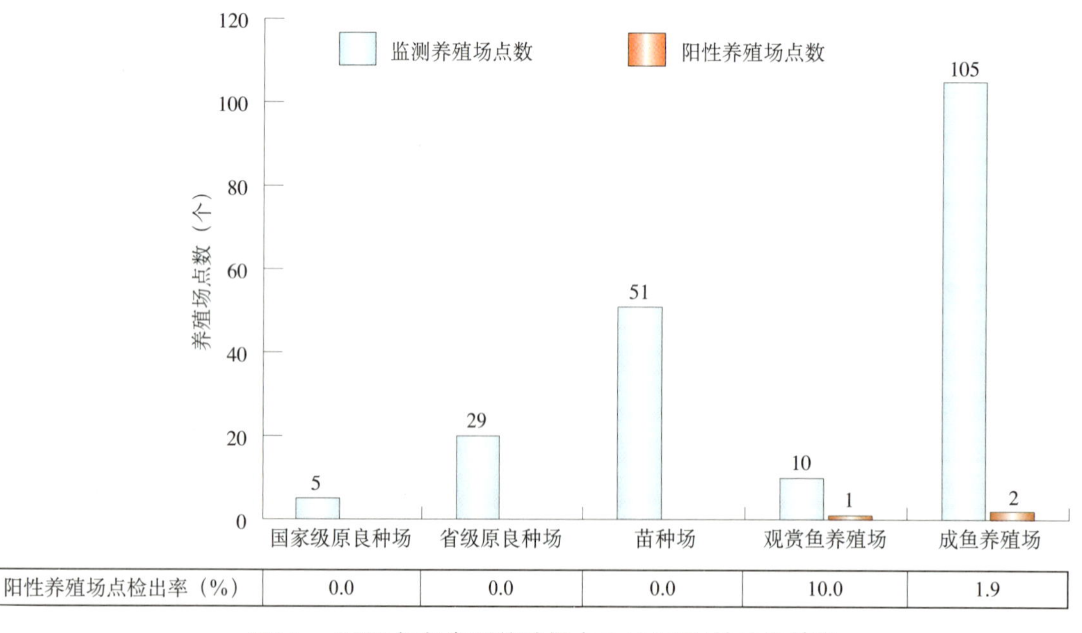

阳性养殖场点检出率（%）	0.0	0.0	0.0	10.0	1.9

图11　2022年各类型养殖场点CyHV-2阳性检出情况

在14省（直辖市）中，北京、河北和江苏3省（直辖市）检出了阳性样品。其中，北京8个监测养殖场点检出了1个阳性，检出率为12.5%；河北35个监测养殖场点检出了1个阳性，检出率为2.9%；江苏46个监测养殖场点检出了1个阳性，检出率为2.2%(图12)。

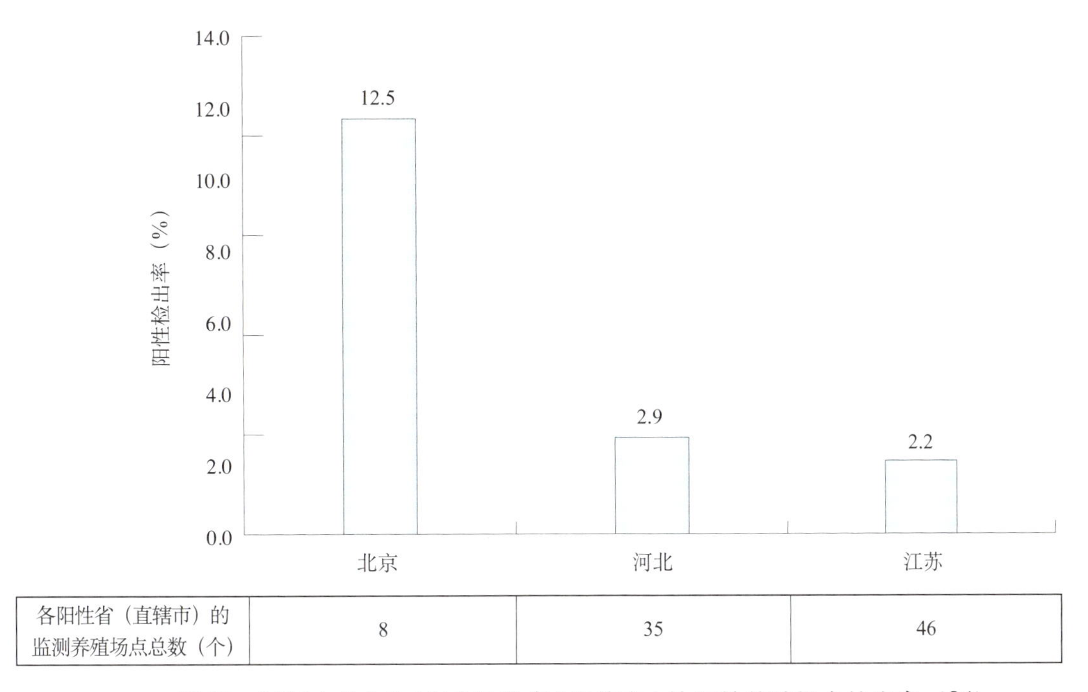

图12　2022年3个CyHV-2阳性省（直辖市）的阳性养殖场点检出率（%）

14省（直辖市）共采集样品205批次，检出了阳性样品3批次，平均阳性样品检出率为1.5%。

(3) 阳性养殖品种和养殖模式　监测的养殖品种包括鲫和金鱼，以鲫为主，均有阳性样品检出。阳性养殖场的养殖模式均为池塘养殖。

2. 风险分析

(1) 从CyHV-2阳性样品种类来看，2022年在鲫和金鱼养殖品种中均有阳性样品检出，其中金鱼阳性样品检出率(7.7%)要明显高于鲫阳性样品检出率（1.1%）。同时，与2021年的金鱼监测结果相比较（阳性检出率为20.0%），2022年金鱼的阳性样品检出率虽然出现明显下降，但是整体的阳性率还是偏高，因此仍需对我国观赏鱼养殖场CHN的发生流行情况多加关注，并持续重视和加强我国观赏鱼养殖场的健康管理和日常监测。

(2) 从CyHV-2阳性区域分布来看，在2022年纳入监测的14个省（直辖市）中，有3个省（直辖市）检出了阳性样品。根据2015—2022年的监测结果，北京市连续8年检出阳性样品，建议持续跟踪监测北京市CHN的发生流行情况。同时，今年在我国鲫主要养殖省份河北省和江苏省检测出了CHN阳性，建议继续进行跟踪监测，加强防控。

（3）从阳性养殖点的类型来看，2022年的3个阳性养殖场点分布在成鱼养殖场点和观赏鱼养殖场点，而国家级原良种场、省级原良种场和苗种场均未检测出阳性样品，建议在成鱼养殖和运输过程中加强对CHN的监管，以免病原进一步扩散。

（七）鲤浮肿病（Carp edema virus disease，CEVD）

1. 监测概况

（1）监测范围 《国家监测计划》对CEVD的监测范围包括北京、天津、河北、内蒙古、辽宁、吉林、黑龙江、上海、江苏、江西、山东、河南、湖南、广东、重庆、贵州和陕西17个省（自治区、直辖市），涉及125个县（区）174个乡（镇）。监测主要对象是鲤和锦鲤。

（2）监测结果 共设置监测养殖场点230个，检出了鲤浮肿病毒（CEV）阳性养殖场点22个，平均阳性养殖场点检出率为9.6%。其中，国家级原良种场3个，未检出阳性；省级原良种场31个，阳性5个，检出率16.1%；苗种场55个，阳性5个，检出率9.1%；观赏鱼养殖场39个，阳性8个，检出率20.5%；成鱼养殖场102个，4个阳性，检出率3.9%（图13）。

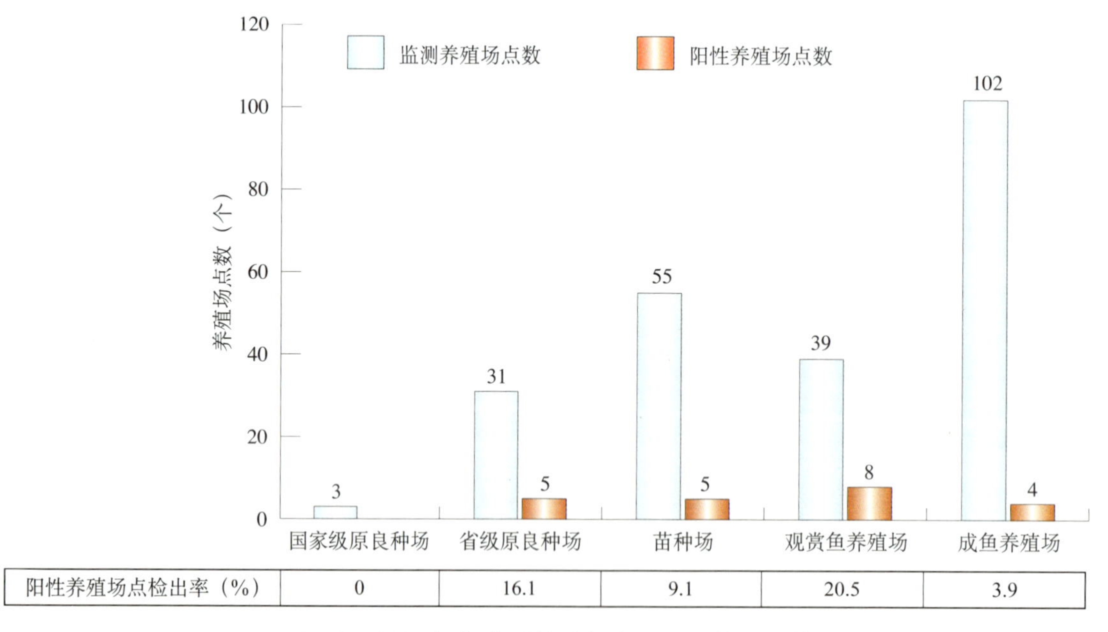

阳性养殖场点检出率（%）	0	16.1	9.1	20.5	3.9

图13　2022年各类型养殖场点CEV阳性检出情况

在17省（自治区、直辖市）中，北京、河北、内蒙古、山东、湖南、广东、重庆等7省（自治区、直辖市）检出了阳性样品（图14）。

17省（自治区、直辖市）共采集样品241批次，检出了阳性样品22批次，平均阳性样品检出率为9.1%。

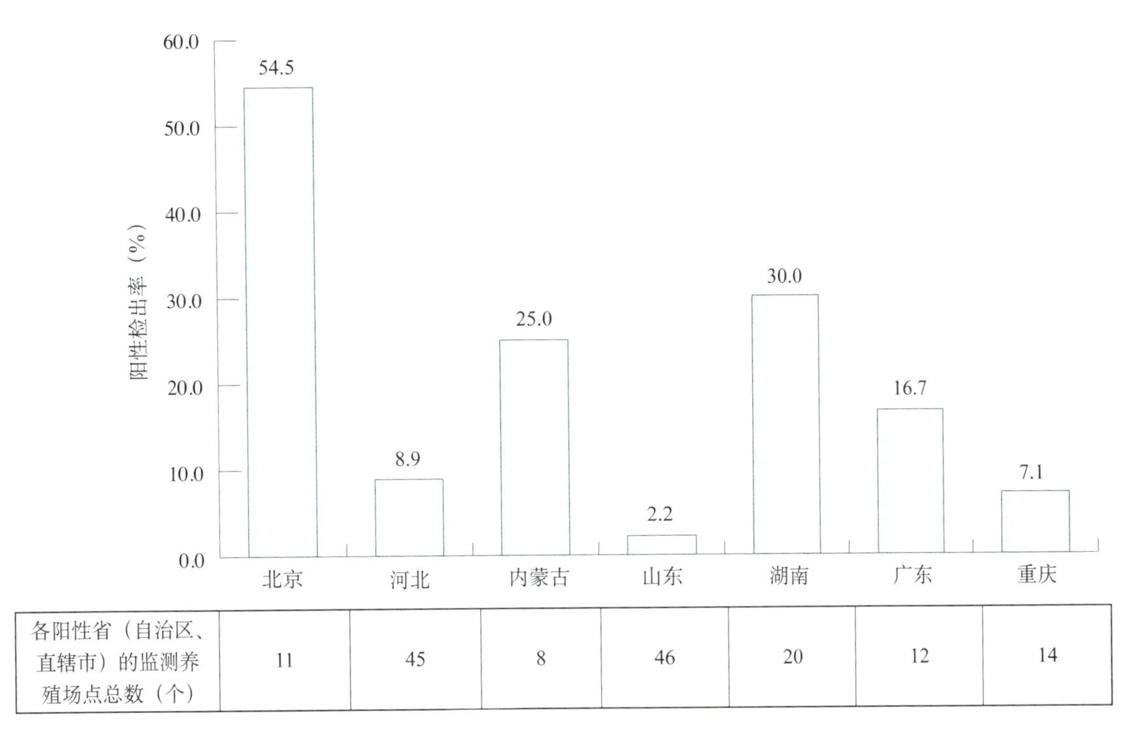

各阳性省（自治区、直辖市）的监测养殖场点总数（个）	11	45	8	46	20	12	14

图14　2022年7个CEV阳性省（自治区、直辖市）的阳性养殖场点检出率（%）

（3）阳性养殖品种和养殖模式　监测的养殖品种主要是鲤和锦鲤，均有阳性样品检出。阳性养殖场的养殖模式有淡水池塘养殖和淡水工厂化养殖。

2. 风险评估

2022年，在17个监测省（自治区、直辖市）中7个有阳性，平均阳性养殖场点检出率达到9.6%，且省级原良种场、苗种场、观赏鱼养殖场的阳性养殖场点检出率较高。虽然2022年全国CEVD发病后死亡率较发病高峰年份有所下降，但我国依然存在CEVD扩散和发病风险，应予以重视并加强鲤和锦鲤养殖场监测和健康管理。

（八）传染性胰脏坏死病（Infectious pancreatic necrosis，IPN）

1. 调查概况

（1）调查范围　《国家监测计划》对IPN的调查范围包括北京、河北、辽宁、黑龙江、四川、陕西、甘肃和青海8个省（直辖市），涉及16个（区）县22个乡（镇）。调查对象主要为鳟、鲑。

（2）调查结果　共设置调查养殖场点33个，检出了传染性胰脏坏死病毒（IPNV）阳性养殖场点2个，平均阳性养殖场点检出率为6.1%。其中，国家级原良种场1个，未检出阳性；省级原良种场2个，阳性1个，检出率50.0%；苗种场6个，未检出阳性；成鱼养殖场23个，阳性1个，检出率4.3%；引育种中心1个，未检出阳性(图15)。

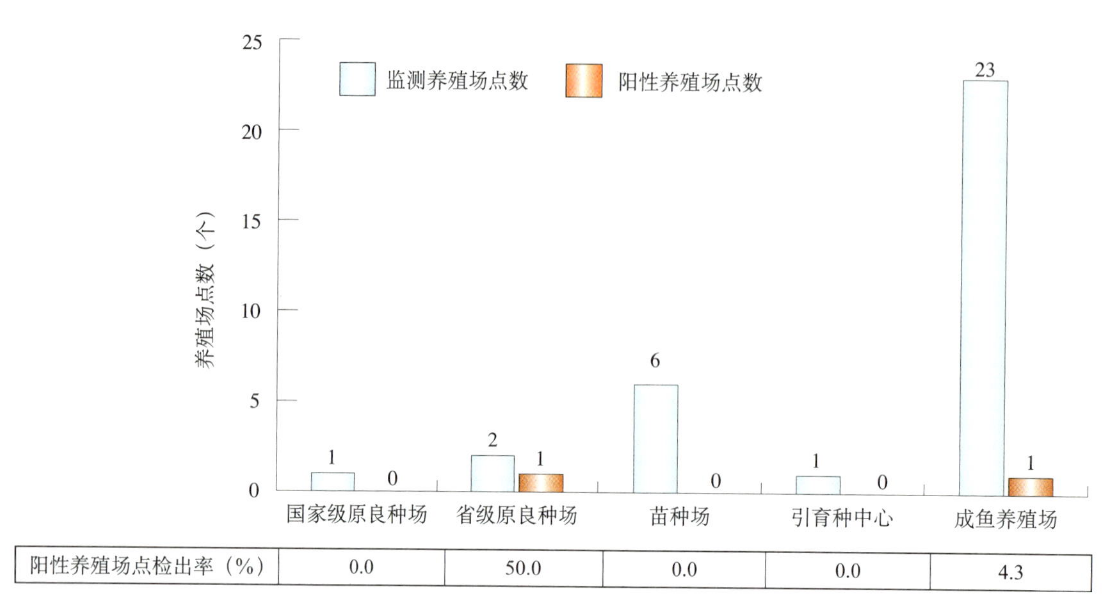

图15　2022年各类型养殖场点IPNV阳性检出情况

在8省（直辖市）中，仅甘肃检出了阳性样品，其5个养殖场点中检出阳性场点2个，阳性检出率为40.0%。

8省（直辖市）共采集样品66批次，检出了阳性样品6批次，均在甘肃，平均阳性样品检出率为9.1%。

（3）阳性养殖品种和养殖模式　调查的养殖品种主要是虹鳟，还有少量鲑，仅在虹鳟中有阳性检出。阳性养殖场的养殖模式为网箱养殖。

2. 风险评估

不同IPN病毒株对鳟的毒力相差很大。国际上公认的强毒株是欧洲的Sp株（即A2血清型或基因Ⅴ型）和美洲的VR299株（即A9血清型或基因Ⅰ型）。2022年在甘肃检出的IPNV基因型主要为Ⅴ型，与强毒株Sp株高度同源，强毒株的流行极大增加了我国传染性胰脏坏死病疫情发生的风险。同时，近两年在流水和网箱两种养殖方式中存在IPNV阳性检出的情况，而流水和网箱养殖是最容易污染天然水域的模式，因此通过这两种养殖方式向周边天然水域传播IPNV的风险极高。

二、甲壳类疫病

（一）白斑综合征（White spot disease，WSD）

（1）监测范围　《国家监测计划》对WSD的监测范围包括天津、河北、辽宁、上海、江苏、浙江、安徽、福建、江西、山东、湖北、湖南、广东、广西、海南、陕西和新疆17

个省（自治区、直辖市），涉及117个区（县）210个乡（镇）。监测对象是甲壳类。

（2）监测结果　共设置监测养殖场点454个，检出了白斑综合征病毒（WSSV）阳性养殖场点58个，平均阳性养殖场点检出率为12.8%。其中，国家级原良种场8个，未检出阳性；省级原良种场43个，阳性1个，检出率2.3%；苗种场178个，阳性10个，检出率5.6%；成虾养殖场225个，阳性47个，检出率20.9%（图16）。

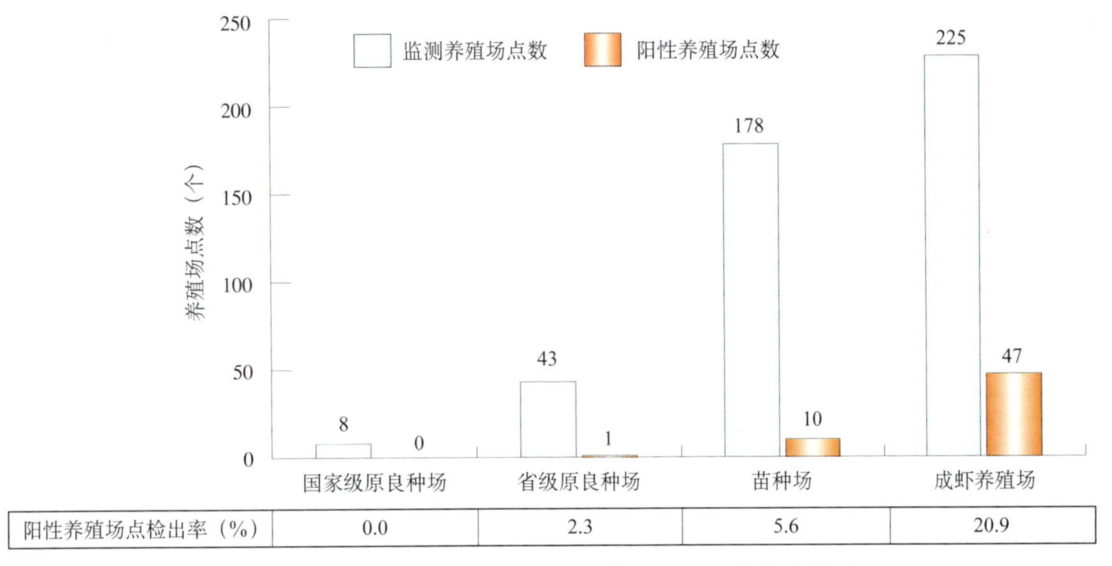

图16　2022年各类型养殖场点WSSV阳性检出情况

在17省（自治区、直辖市）中，河北、辽宁、江苏、江西、山东和湖北6省检出了阳性样品，6省的平均阳性养殖场点检出率为18.6%。其中，辽宁和湖北的阳性养殖场点检出率分别为45.0%和60.0%（图17）。

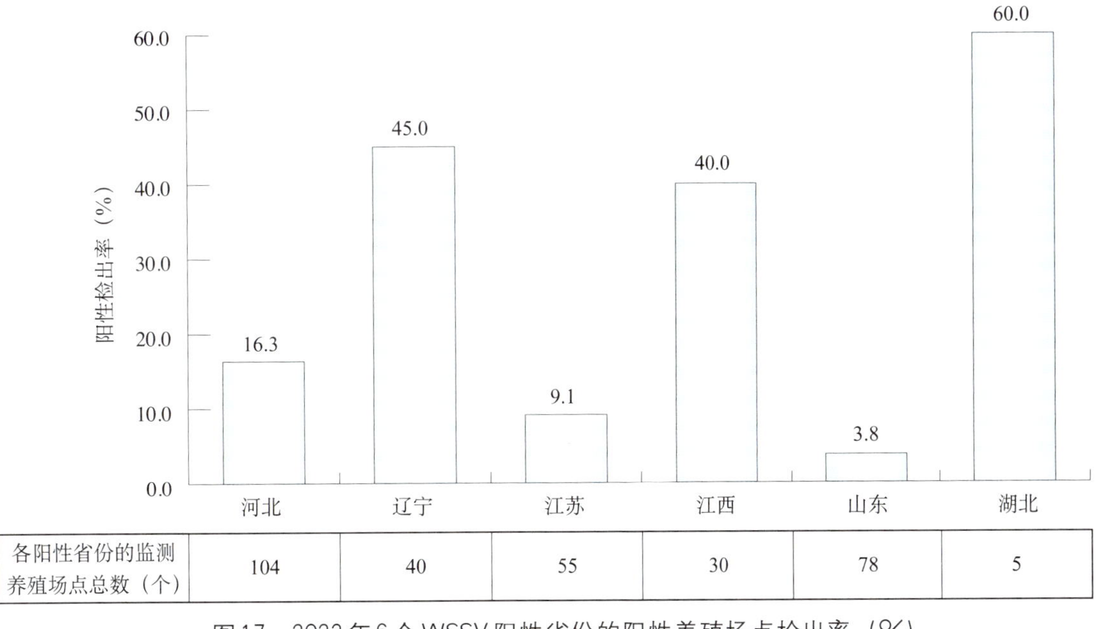

图17　2022年6个WSSV阳性省份的阳性养殖场点检出率（%）

17省（自治区、直辖市）共采集样品490批次，检出了阳性样品59批次，平均阳性样品检出率为12.0%。

（3）阳性养殖品种和养殖模式 监测的养殖品种有罗氏沼虾、日本沼虾、克氏原螯虾、凡纳滨对虾、红螯螯虾、斑节对虾、中国明对虾、日本囊对虾、脊尾白虾。其中，在克氏原螯虾、凡纳滨对虾、中国明对虾、日本囊对虾中检出了阳性样品。阳性养殖场的养殖模式为池塘养殖、工厂化养殖和其他养殖模式。

（二）虾肝肠胞虫病（Enterocytozoon hepatopenaei disease，EHPD）

（1）监测范围 《国家监测计划》对EHPD的监测范围包括天津、河北、辽宁、上海、江苏、浙江、安徽、福建、江西、山东、湖北、广东、广西、海南和新疆共15个省（自治区、直辖市），共涉及116个区（县）206个乡（镇）。监测对象为我国当前主要的9种海淡水养殖甲壳类品种，包括凡纳滨对虾、斑节对虾、日本囊对虾、中国明对虾、脊尾白虾、罗氏沼虾、克氏原螯虾、日本沼虾和红螯螯虾。

（2）监测结果 共设置监测养殖场点446个，检出虾肝肠胞虫（EHP）阳性养殖场点94个，平均阳性养殖场点检出率为21.1%。其中，国家级原良种场8个，阳性1个，检出率12.5%；省级原良种场43个，阳性8个，检出率18.6%；苗种场178个，阳性34个，检出率19.1%；成虾养殖场217个，阳性51个，检出率23.5%（图18）。

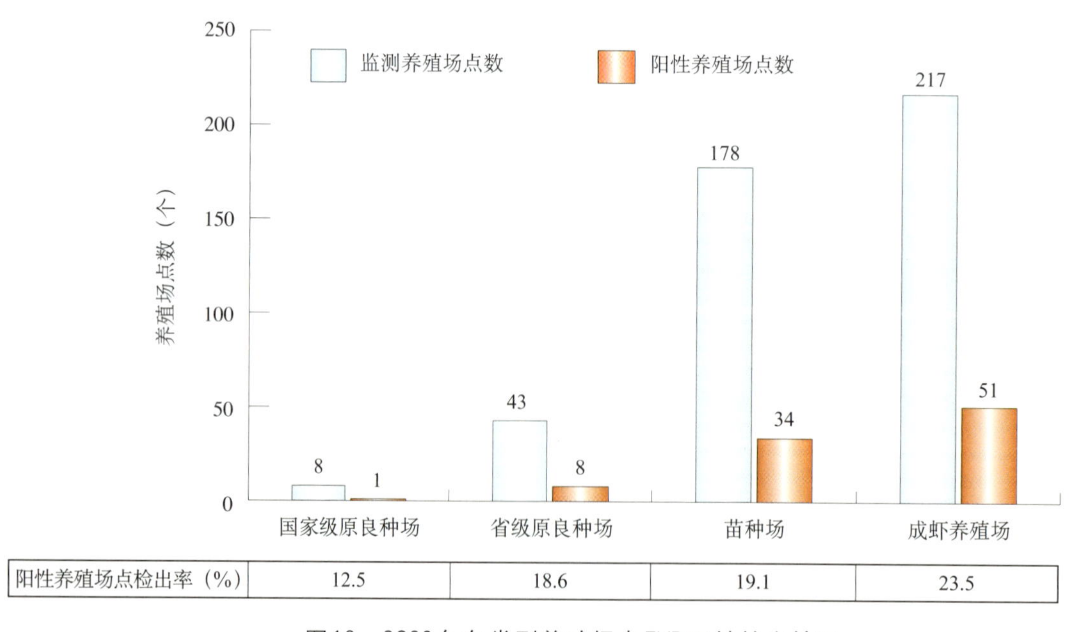

图18 2022年各类型养殖场点EHP阳性检出情况

在15省（自治区、直辖市）中，天津、河北和辽宁等9省（自治区、直辖市）检出了阳性样品。其中，排前三位的河北、辽宁和天津的阳性养殖场点检出率分别为56.3%、

40.0%和40.0%（图19）。

15省（自治区、直辖市）共采集样品482批次，检出阳性样品97批次，平均阳性样品检出率为20.1%。

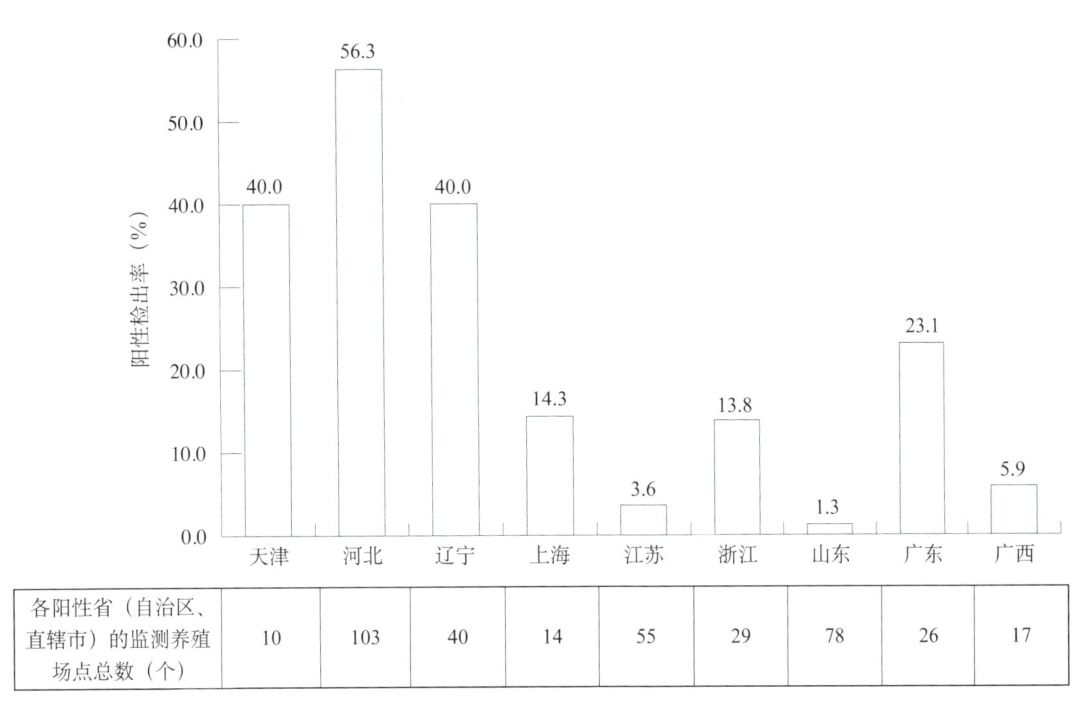

各阳性省（自治区、直辖市）的监测养殖场点总数（个）	10	103	40	14	55	29	78	26	17

图19　2022年9个EHP阳性省（自治区、直辖市）的阳性养殖场点检出率

（3）阳性养殖品种和养殖模式　在所监测的养殖品种中，凡纳滨对虾、斑节对虾、中国明对虾和日本囊对虾检出了阳性样品。阳性养殖场的养殖模式为池塘养殖、工厂化养殖和网箱养殖。

（三）十足目虹彩病毒病 （infection with Decapod iridescent virus 1, iDIV1）

（1）监测范围　《国家监测计划》对iDIV1的监测范围包括河北、辽宁、上海、江苏、浙江、安徽、福建、江西、山东、湖北、广东、广西、海南和新疆等14个省（自治区、直辖市），涉及107个县186个乡镇。监测对象包括凡纳滨对虾、中国明对虾、日本囊对虾、斑节对虾、脊尾白虾、日本沼虾、罗氏沼虾、克氏原螯虾和红螯螯虾等9种主要甲壳类养殖品种。

（2）监测结果　共设置监测养殖场点336个，检出十足目虹彩病毒1（DIV1）阳性养殖场点22个，平均阳性养殖场点检出率为6.5%。其中，国家级原良种场7个，阳性1个，检出率14.3%；省级原良种场43个，阳性5个，检出率11.6%；苗种场129个，阳性4个，检出率3.1%；成虾养殖场157个，阳性12个，检出率7.6%（图20）。

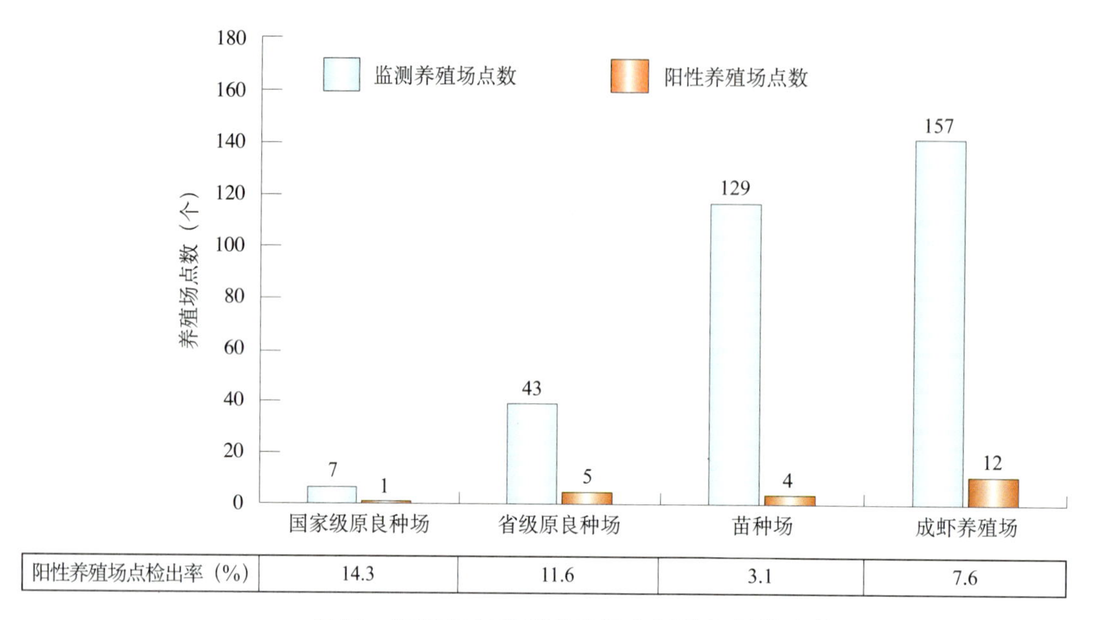

阳性养殖场点检出率（%）	14.3	11.6	3.1	7.6

图20　2022年各类型养殖场点DIV1阳性检出情况

在14省（自治区、直辖市）中，上海、江苏、浙江、安徽、江西、广东和广西等7省（自治区、直辖市）检出了阳性样品。其中，安徽5个监测养殖场点，检出2个阳性，检出率40.0%；江苏55个监测养殖场点，检出10个阳性，检出率18.2%；广东26个监测养殖场点，检出3个阳性，检出率11.5%（图21）。

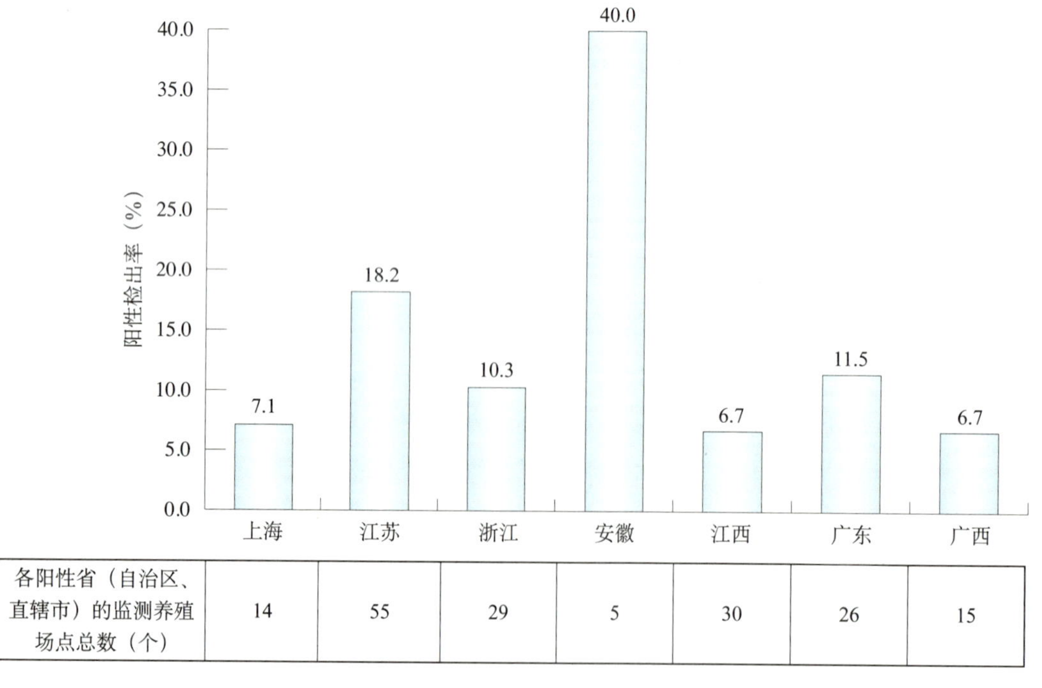

各阳性省（自治区、直辖市）的监测养殖场点总数（个）	14	55	29	5	30	26	15

图21　2022年7个DIV1阳性省（自治区、直辖市）的阳性养殖场点检出率（%）

14省（自治区、直辖市）共采集样品349批次，检出阳性样品22批次，平均阳性样品检出率为6.3%。

（3）阳性养殖品种和养殖模式　监测的养殖品种中，凡纳滨对虾、斑节对虾、日本沼虾、罗氏沼虾和克氏原螯虾检出了阳性样品。阳性养殖场的养殖模式为池塘养殖、网箱养殖和其他养殖模式。

（四）传染性皮下和造血组织坏死病（Infection with infectious hypodermal and haematopoietic necrosis virus，IHHN）

（1）调查范围　《国家监测计划》对IHHN的调查范围包括河北、辽宁、江苏、安徽、江西、山东、湖北、广西和海南9个省（自治区），涉及29个区（县）47个乡（镇）。监测对象是甲壳类。

（2）调查结果　共设置监测养殖场点160个，检出了传染性皮下和造血组织坏死病毒（IHHNV）阳性养殖场点20个，平均阳性养殖场点检出率为12.5%。其中，国家级原良种场4个，未检出阳性；省级原良种场8个，阳性1个，检出率12.5%；苗种场69个，阳性6个，检出率8.7%；成虾养殖场79个，阳性13个，检出率16.5%（图22）。

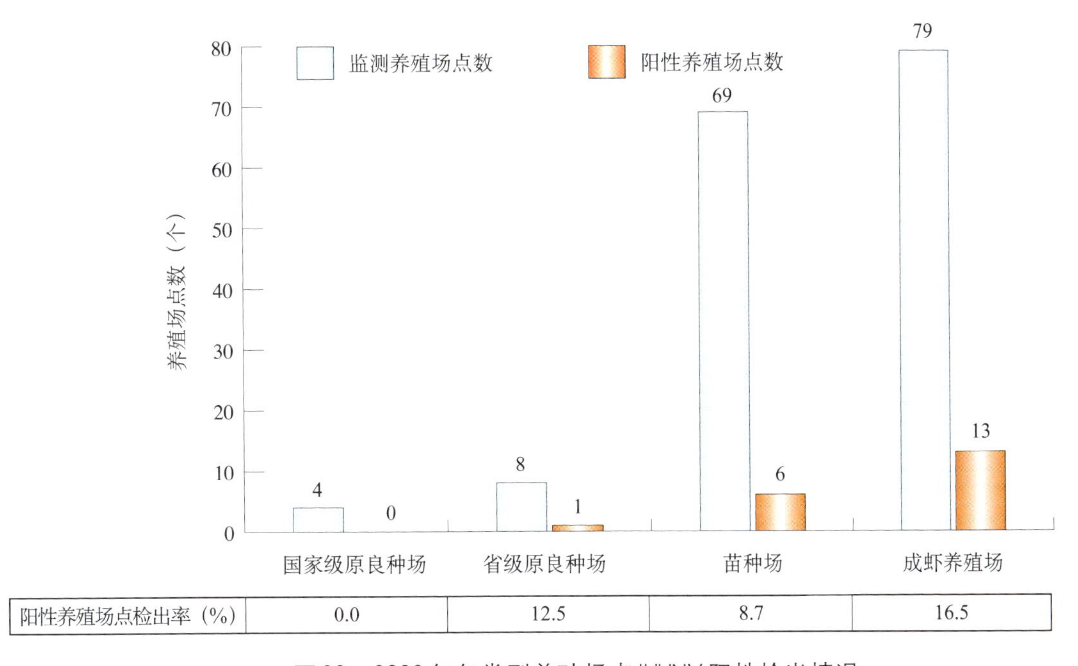

图22　2022年各类型养殖场点IHHNV阳性检出情况

在9省（自治区）中，河北、辽宁、海南3省检出了阳性样品。3省的平均阳性养殖场点检出率为16.7%。其中辽宁的阳性养殖场点检出率最高，为60.0%；其次是河北，阳性养殖场点检出率为16.0%；海南阳性养殖场点检出率最低，为6.7%（图23）。

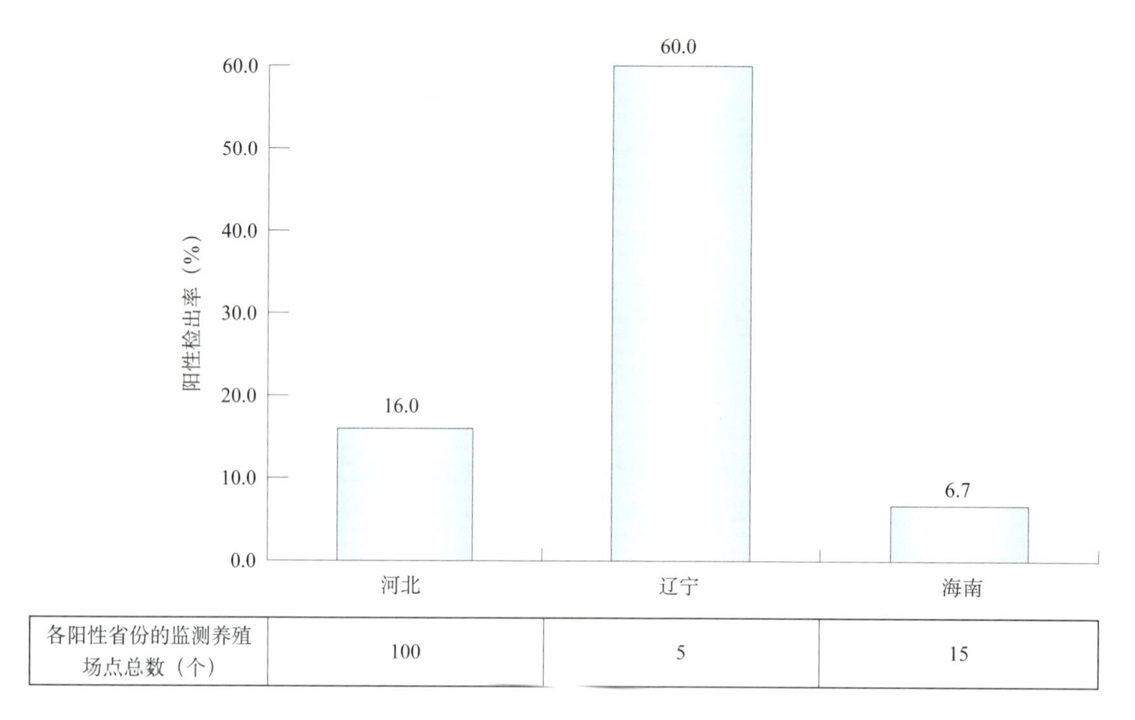

各阳性省份的监测养殖场点总数（个）	100	5	15

图23　2022年3个IHHNV阳性省份的阳性养殖场点检出率（%）

9省（自治区）共采集样品182批次，检出了阳性样品20批次，平均阳性样品检出率为11.0%。

（3）阳性养殖品种和养殖模式　调查的养殖品种有斑节对虾、罗氏沼虾、日本沼虾、克氏原螯虾、凡纳滨对虾、中国明对虾和日本囊对虾。其中，在凡纳滨对虾、中国明对虾和斑节对虾中检出了阳性样品。阳性养殖场的养殖模式为池塘养殖和工厂化养殖。

（五）急性肝胰腺坏死病
（Acute hepatopancreatic necrosis disease，AHPND）

（1）调查范围　《国家监测计划》对AHPND的调查范围包括河北、辽宁、江苏、安徽、江西、山东、湖北、广西和海南等9个省（自治区），涉及26个区（县）34个乡（镇）。监测对象包括凡纳滨对虾、克氏原螯虾、中国明对虾、斑节对虾、日本囊对虾、罗氏沼虾和日本沼虾等7种甲壳类养殖品种。

（2）调查结果　共设置监测养殖场点67个，未检出致急性肝胰腺坏死病副溶血弧菌（V_{AHPND}），平均阳性养殖场点检出率为0。其中，国家级原良种场5个，省级原良种场9个，苗种场28个，成虾养殖场25个，均未检出阳性（图24）。

9省（自治区）共采集样品67批次，未检出阳性样品，平均阳性样品检出率为0。

（3）阳性养殖品种和养殖模式　调查的养殖品种中，未检出阳性样品。

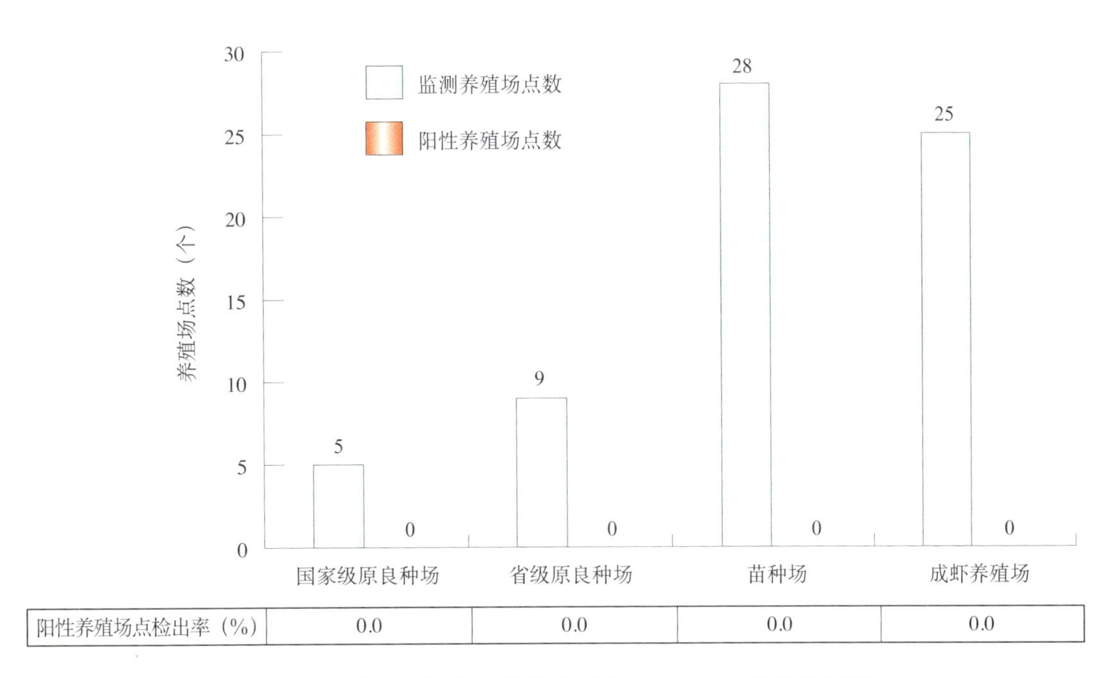

图24 2022年各类型养殖场点 V_{AHPND} 阳性检出情况

（六）甲壳类疫病风险评估

2022年，《国家监测计划》对5种甲壳类疫病进行了专项监测和调查，样品数量总体上较2021年有所减少，病原流行与危害趋势有一些变化。从总体上看，白斑综合征、传染性皮下和造血组织坏死病、虾肝肠胞虫病三种疾病病原检出率较2021年略有上升，十足目虹彩病毒病病原检出率较2021年明显下降，急性肝胰腺坏死病病原无阳性检出。同时，在相关项目的支持下，中国水产科学研究院黄海水产研究所对我国甲壳类疫病流行情况进行了持续跟踪监测，发现玻璃苗弧菌病（TPV）在主要对虾养殖地区流行率较高。

专项监测数据风险评估的具体情况如下：

（1）白斑综合征 与2021年相比，2022年WSSV的平均阳性样品检出率和平均阳性养殖场点检出率分别增加了3.4和3.8个百分点。根据WSD专项监测数据和产业发病情况分析，近年来养殖虾类中WSSV阳性样品检出率总体呈现波动下降的趋势，但应重视克氏原螯虾、日本囊对虾和中国明对虾中WSSV高阳性样品检出率的情况。建议继续落实相应政策措施，稳步提升甲壳类原良种场生物安保水平和无特定病原种苗持续供应能力。

（2）传染性皮下和造血组织坏死病 与2021年相比，2022年IHHNV的平均阳性样品检出率和平均阳性养殖场点检出率分别增加了2.3和2.8个百分点。根据近年来IHHN专项监测数据和产业发病情况分析，IHHNV的阳性率呈现平稳的趋势，应重视凡纳滨对虾、中国明对虾、斑节对虾高阳性样品检出率的情况。建议继续落实相应政策措施，强化主要易感品种育种和养殖阶段的生物安保措施，减少IHHNV传播风险，逐步实现IHHN的“清零”。

（3）虾肝肠胞虫病 2022年EHP阳性养殖场点检出率和阳性样品检出率相较于2019—

2021年有较明显的上升（2022年的样品数与2019年相当，高于2020和2021年）。2022年阳性养殖场点检出率较2019、2020和2021年分别提高了3.0、5.6和15.3个百分点，阳性样品检出率分别提高了5.6、5.4和14.7个百分点。2022年各级苗种场及养殖场的阳性养殖场点检出率为12.5%～23.5%。监测数据提示2022年EHPD的传播及流行较往年呈上升趋势，因此有必要加强各级苗种场及养殖场的疫病监测，及时采取措施，有效遏制该疫病的传播及流行。

（4）十足目虹彩病毒病 2022年对十足目虹彩病毒病的监测力度明显提高，监测范围明显扩大，更加准确地体现了该病的病原流行和危害趋势。阳性样品检出率总体呈现波动下降的趋势，但在部分地区和养殖品种中存在较高的流行风险。建议重点强化国家级、省级原良种场和苗种场的生物安保措施，从源头降低DIV1的传播、扩散风险。

（5）急性肝胰腺坏死病 继2020年《国家监测计划》首次将AHPND纳入专项监测后，2021—2022年持续开展监测。因样品采集数量连年下降及调查范围连年缩小，尚不能对V_{AHPND}平均阳性养殖场点检出率、平均阳性样品检出率开展系统性差异分析。尽管2022年《国家监测计划》数据中未有V_{AHPND}阳性检出，但中国水产科学研究院黄海水产研究所依托科研项目对沿海地区养殖对虾流行病学调查的结果显示，2022年V_{AHPND}流行率为10.9%(40/368)，表明V_{AHPND}在我国对虾养殖区主要养殖品种中仍存在一定的传播风险，建议2023年加强对虾类苗种场和养殖场中V_{AHPND}的监测，对监测信息进行有效搜集和整理，跟踪并掌握AHPND疫情动态，更好地发挥监测体系服务虾类养殖产业的作用。

三、WOAH名录疫病在我国的发生状况

世界动物卫生组织（WOAH）于2004年公布了水生动物疫病名录，并且每年更新1 次。现行《WOAH疫病名录》共收录水生动物疫病31种，包括鱼类疫病11种、甲壳类疫病10种、贝类疫病7 种、两栖类动物疫病3 种。其中，罗非鱼湖病毒病为2022年新收录疫病。

依据《国家监测计划》及WOAH参考实验室监测结果，2022年，鲤春病毒血症、锦鲤疱疹病毒病和传染性造血器官坏死病3 种鱼类疫病，白斑综合征、传染性皮下和造血组织坏死病、急性肝胰腺坏死病和十足目虹彩病毒病4种甲壳类疫病在我国局部发生（表2），其他疫病未检出。

表2 WOAH名录疫病在我国的发生状况

序号	种类	疫病名称	2022年在我国发生状况
1	鱼类疫病 11种	流行性造血器官坏死病	未曾检出
2		流行性溃疡综合征	未曾检出
3		大西洋鲑三代虫感染	未曾检出
4		鲑传染性贫血症病毒感染	未曾检出
5		鲑甲病毒感染	未曾检出

（续）

序号	种类	疫病名称	2022年在我国发生状况
6	鱼类疫病 11种	**传染性造血器官坏死病**	有检出
7		**锦鲤疱疹病毒感染**	有检出
8		真鲷虹彩病毒感染	未曾检出
9		**鲤春病毒血症**	有检出
10		罗非鱼湖病毒病	未曾检出
11		病毒性出血性败血症病	未曾检出
12	甲壳类疫病 10种	**急性肝胰腺坏死病**	有检出
13		螯虾瘟	未曾检出
14		**十足目虹彩病毒病**	有检出
15		坏死性肝胰腺炎	未曾检出
16		**传染性皮下和造血组织坏死病**	有检出
17		传染性肌坏死病毒感染	未曾检出
18		白尾病	未检出，上一次发生时间2013年6月
19		桃拉综合征	未检出，上一次发生时间2011年
20		**白斑综合征**	有检出
21		黄头病1型	未检出，上一次发生时间2021年
22	软体动物疫病 7种	鲍疱疹病毒感染	未曾检出
23		杀蛎包拉米虫感染	未曾检出
24		牡蛎包拉米虫感染	未曾检出
25		折光马尔太虫感染	未曾检出
26		海水派琴虫感染	未曾检出
27		奥尔森派琴虫感染	未曾检出
28		加州立克次体感染	未曾检出
29	两栖类疫病 3种	箭毒蛙壶菌感染	未曾检出
30		蝾螈壶菌感染	未曾检出
31		蛙病毒属病毒感染	未曾检出

第三章　疫病预防与控制

一、技术成果及试验示范

2022年，水生动物防疫技术成果丰硕，一系列水生动物防疫技术成果获得省部级奖励。其中，“异育银鲫重大疾病防控关键技术研究与示范”获中国商业联合会科学技术奖，科技进步类二等奖；“浙江省产学研推一体化团队全域推进配合饲料替代幼杂鱼养殖行动创新与实践”获2019—2021年度全国农牧渔业丰收奖农业技术推广合作奖；“基于大黄鱼免疫分子机制的疾病防治产品创制与示范应用”获第六届中国水产学会范蠡科学技术奖科技进步类一等奖；“淡水鱼主要和新发病毒病诊断和免疫防控技术研究及应用”“虹鳟鱼病防治技术规范”“牙鲆高效免疫的细胞与分子基础研究”等多项成果获得省部级奖励（附录1）；中国水产科学研究院黑龙江水产研究所研制的“虹鳟IHN核酸疫苗”获得农业转基因生物安全证书；另有授权国家发明专利和国家实用新型专利40余项。

2022年，农业农村部组织相关水生动物疫病首席专家团队，针对主要水生动物疫病开展了系统研究和多项防控技术成果示范应用。

（一）鲤春病毒血症

首席专家刘荭研究员团队开展了鲤春病毒血症（SVC）等水生动物疫病监测和流行病学调查工作，针对鲤春病毒血症病毒（SVCV）建立了简便、快速的重组酶介导等温扩增鉴定方法，并对鲤科鱼类养殖和运输环境样品中SVCV病原富集方法进行了优化和评价。

（二）锦鲤疱疹病毒病

首席专家张朝晖研究员团队持续开展锦鲤疱疹病毒（KHV）等病原检测技术研究和防

控技术指导（图25）。根据Genbank公布的锦鲤疱疹病毒（Koi herpesvirus）*TK*基因，应用分析软件进行比对，选取*TK*基因保守序列，设计引物和探针、优化反应条件，以期建立一种锦鲤疱疹病毒的TaqMan荧光定量检测方法，为KHV的临床检测和疫病监测提供一种快速、科学的方法。

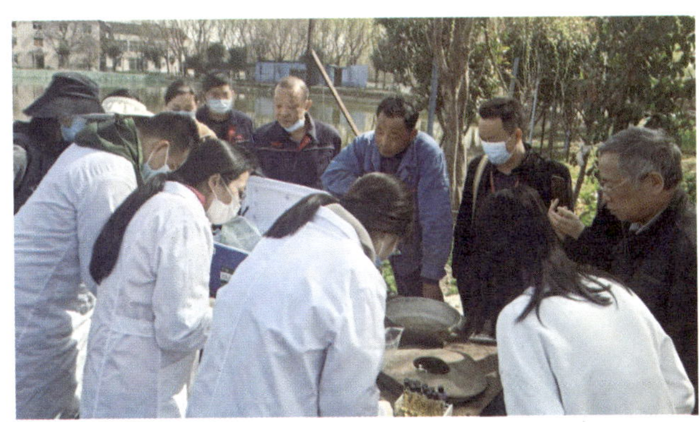

图25　KHVD首席专家团队进行现场采样及防控指导

（三）草鱼出血病

首席专家王庆研究员团队持续开展草鱼出血病（GCHD）的流行病学调查和病原分析工作，为养殖户提供技术服务（图26）；优化草鱼呼肠孤病毒（GCRV）的Real-time RPA检测技术，开发了GCRV的可视化检测试剂盒；完成了草鱼出血病乳酸菌载体口服疫苗的制备与免疫效果分析，为今后实施草鱼出血病口服免疫奠定了基础。

图26　GCHD首席专家团队为养殖户提供技术服务

（四）传染性造血器官坏死病

首席专家徐立蒲研究员团队持续开展传染性造血器官坏死病（IHN）监测、防控技术试验示范和技术指导工作（图27）；编写了包括IHN防控技术措施在内的《养殖鱼类疫病防控措施》；进一步研究了虹鳟的IHN感染试验模型，为今后的防控研究提供依据。此外，团队研制了一种益生菌发酵中药制剂，室内试验表明投喂后能显著提高虹鳟苗种成活率。

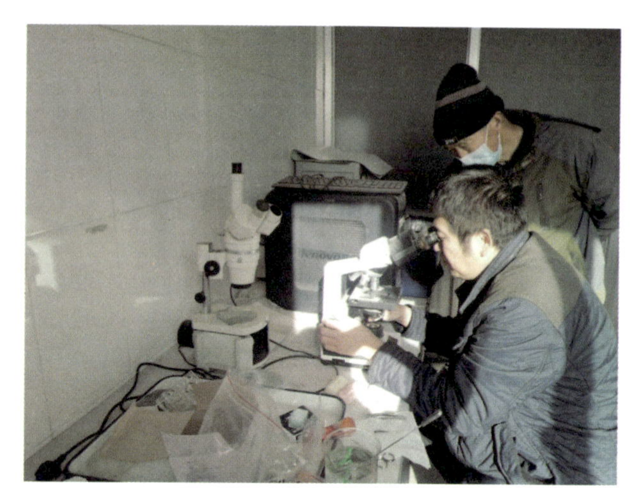

图27　IHN首席专家团队在现场开展疾病诊断

（五）病毒性神经坏死病

首席专家樊海平研究员团队开展了海水鱼类病毒性神经坏死病（VNN）疫病监测和流行病学调查工作（图28），并针对福建省水产技术推广系统负责疫病监测工作的技术骨干进行了海水鱼类病毒性神经坏死病的实验室检测技术培训，提升了技术人员的疫病检测水平（图29）。另外，联合中国水产科学研究院黄海水产研究所等单位对病毒性神经坏死病的检测行业标准进行了修订。

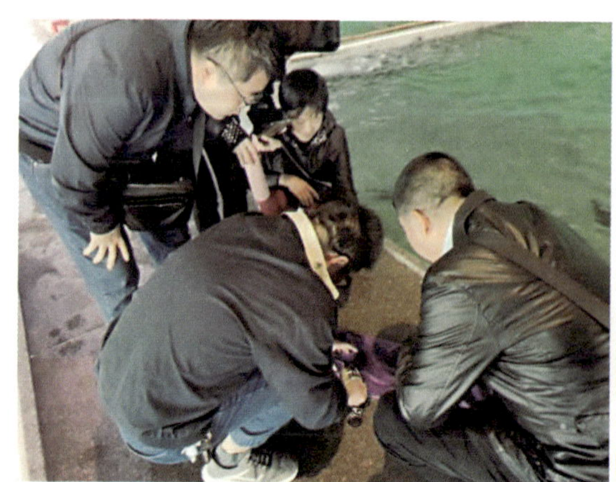

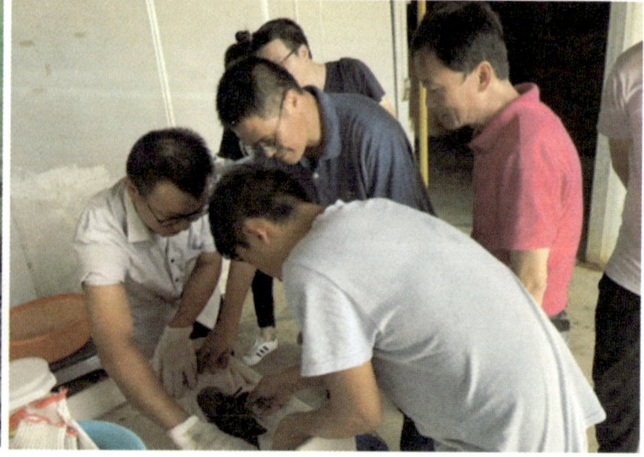

图28　VNN首席专家团队开展海水鱼类病毒性神经坏死病流行病学调查和病害防控技术指导

图29 VNN首席专家团队开展病毒性神经坏死病实验室检测技术培训

（六）鲫造血器官坏死病

首席专家曾令兵研究员团队在全国多地开展了鲫造血器官坏死病（CHN）的流行病学调查等工作，对江苏、安徽、湖北、新疆等多个地区的病鱼样本开展了病毒分离、分子检测以及发病机制研究等工作。获得了一株感染黄金鲫的鲤疱疹病毒Ⅱ型毒株，同时研究了在自然条件下温度对CyHV-2在异育银鲫体内分布状态的影响。团队成员多次深入江苏、新疆等地养殖生产一线为鲫养殖户提供应急技术服务，较好地满足了社会服务需求（图30）。

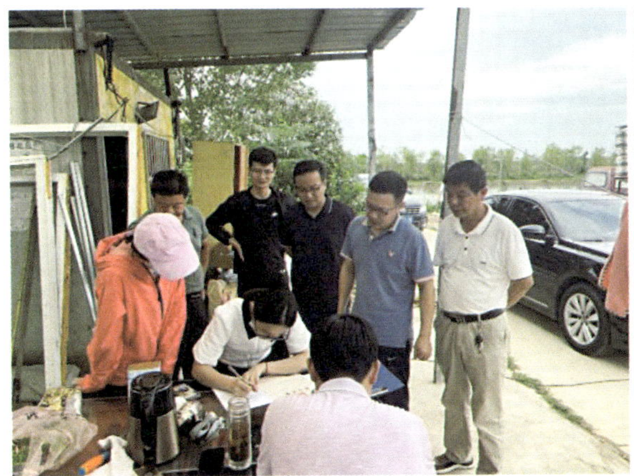

图30 CHN首席专家团队开展现场疾病诊断、流行病学调查、技术培训工作

（七）鲤浮肿病

首席专家徐立蒲研究员团队持续开展鲤浮肿病（CEVD）监测、防控技术试验示范和技术指导工作（图31）。编写了包括CEVD防控技术措施在内的《养殖鱼类疫病防控措施》；连续5年承担全国CEV检测能力验证工作；制作水墨动画风格的鲤浮肿病防控视频1个；研制出鲤浮肿病现场快速检测试剂盒1种，满足了基层现场疫病诊断“早、快”的要求，实现了对发病鱼的现场抽提、检测。

图31　CEVD首席专家团队在现场指导病害防控工作

（八）传染性胰脏坏死病

首席专家徐立蒲研究员团队持续开展传染性胰脏坏死病（IPN）监测、防控技术试验示范和技术指导工作（图32）。编写了包括IPN防控技术措施在内的《养殖鱼类疫病防控措施》。研制并完善1种传染性胰脏坏死病毒实时荧光定量RT-PCR法，针对该病毒6种基因型保守区域设计引物和探针，可检测出目前国内所有基因型毒株。

图32　徐立蒲研究员团队在现场指导病害防控工作

（九）对虾主要疫病及新发病

首席专家张庆利研究员团队针对白斑综合征（WSD）、传染性皮下和造血组织坏死病（IHHN）、十足目虹彩病毒病（iDIV1）和玻璃苗弧菌病（TPV）等对虾主要疫病及新发病开展了监测、分子流行病学调查和防治技术指导（图33）。同时，张庆利团队研究证实了偷死野田村病毒（CMNV）感染会发生在对虾复眼的几乎所有类型细胞、腹侧神经索、腹足节段神经与肌肉组织中，并会引起严重病理损伤，导致染病个体抗应激能力差、游泳能力下降、甲壳软化，还会导致光转导、钙吸收和生长激素等相关基因表达显著下调，这项研究首次揭示了CMNV的嗜神经特性及其引起对虾生长缓慢、甲壳软化、游泳能力下降和沉底死亡的发病机制。张庆利团队还研究发现了热处理对凡纳滨对虾DIV1感染有治疗和根除作用：34℃抑制其复制，36℃使其完全灭活。这项研究成果为对虾DIV1防控提供了新的方法和思路。此外，张庆利团队确定了高野近方蟹和短身大眼蟹为血卵涡鞭虫的易感宿主；调查了山东近海甲壳类中血卵涡鞭虫的流行情况；研究明确了V_{AHPND}内的T4SS可以介导pVA1型质粒的接合转移，并且密度、温度和营养成分可影响pVA1型质粒的接合转移效率；研究发现了过硫酸氢钾处理消毒沙蚕卵能够降低CMNV的传播风险。

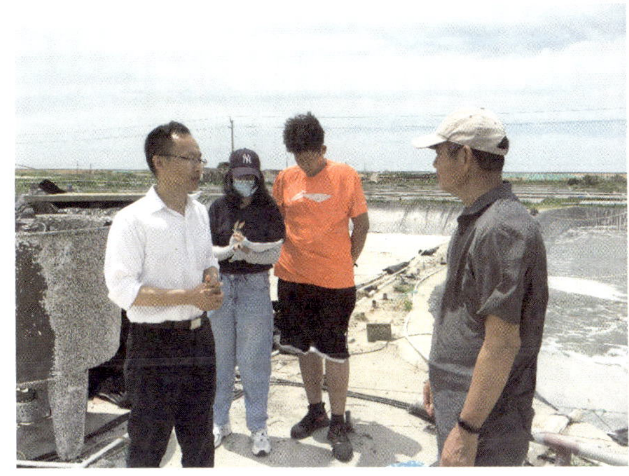
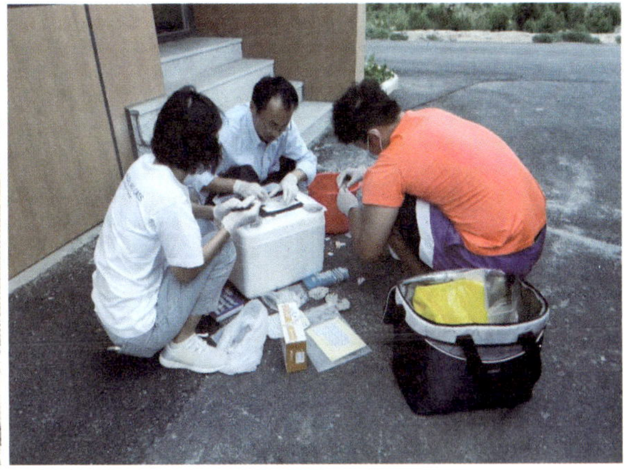

图33　对虾疫病首席专家团队开展疫病防治技术指导和流行病学调查

二、监督执法与技术服务

（一）水产苗种产地检疫

为加强水产苗种产地检疫和监督执法，严格控制水生动物疫病传播源头，推动水产养殖业绿色高质量发展，2022年农业农村部继续全面实施水产苗种产地检疫制度。截至2022

年年底，全国累计确认渔业官方兽医8 166名，全年共出具电子动物检疫证明8 241份，另出具纸质动物检疫证明6 502份，共检疫苗种1 417.87亿余尾。全国水产技术推广总站采取线上直播方式举办了2022年全国水产苗种产地检疫知识培训班，来自农业农村主管部门、执法部门、动物卫生监督机构、疫病预防控制机构、技术推广机构等的约10万余人次接受了培训（图34、图35）。

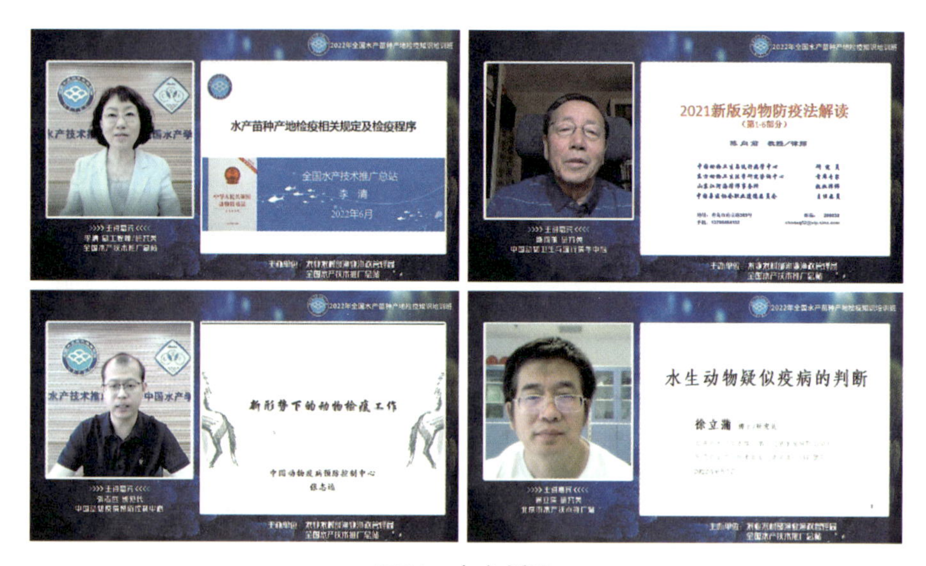

图34　专家授课

图35　学员在地方分会场或自行通过手机端、电脑端接受培训

（二）全国水生动物疾病远程辅助诊断服务

优化了“全国水生动物疾病远程辅助诊断服务网”（简称“鱼病远诊网”）服务方式和功能，制作完成了20个“当前渔事”小视频和“鱼病远诊网”推广视频，目前“鱼病远诊网”有电脑版、手机App和微信小程序三个使用平台，拥有国家级和省级专家139名，存有60余个自助诊断品种、180多种常见疾病常识等资料。自2012年开通以来累计浏览量达110万余人次，连续10年被农业农村部列为“免费为农渔民办理的实事”之一。

（三）技术培训及技术指导

2022年，全国水生动物防疫体系共举办省级以上线上+线下技术培训120余次，受训人数约23万人次。另外，农业农村部水产养殖病害防治专家委员会专家、国家水生动物疫病监测首席专家等坚持深入养殖生产一线，开展形式多样的技术培训和技术指导。专家共开展技术培训100余次，受训人数达40万余人次，现场技术指导300余次，发放疫病防控相关宣传资料1万余份（图36至图51）。

图36　全国水产技术推广总站举办全国水产养殖疾病防控专家直播大讲堂

图37　天津市动物疫病预防控制中心开展盐碱水凡纳滨对虾健康养殖技术培训

图38　吉林省水产技术推广总站举办全省渔业行业农技推广骨干培训班

图39　江苏省水生动物疫病预防控制中心举办水产养殖规范用药科普下乡活动

图40 浙江省水产技术推广总站举办全省水产养殖用药减量暨规范用药科普下乡活动

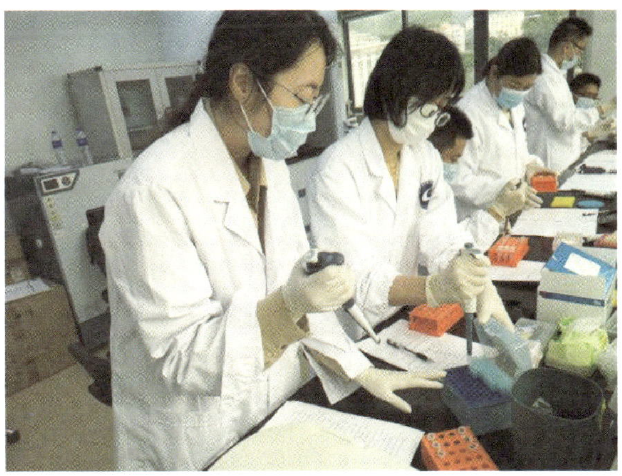

图41 福建省水产技术推广总站举办水生动物防疫系统实验室检测技术培训班

图42 江西省农业技术推广中心举办水生动物疫病防控技术培训班

图43 山东省渔业发展和资源养护总站举办全省水产养殖病防技术线下和线上直播培训

图44 广东省动物疫病预防控制中心（广东省动物卫生检疫所）举办水产重要疫病智能诊断和预警技术培训班

图45 广西壮族自治区水产技术推广站举办小龙虾病害防控培训班

图46 海南省举办水产苗种产地检疫培训班

图47 四川省水产局科技推广处举办全省水生动物防疫工作培训班

图48 陕西省水产研究与技术推广总站开展渔业官方兽医培训

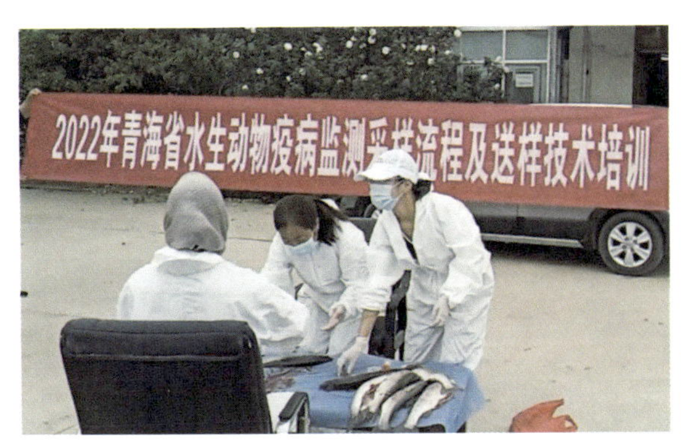

图49 青海省渔业技术推广中心开展水生动物疫病监测采样流程及送样技术培训

图50 大连市水产技术推广总站专家面向水产技术人员开展投入品科学使用培训

图51 宁波市海洋与渔业研究院举办水产绿色健康养殖"五大行动"技术培训班

三、疫病防控体系能力建设

（一）全国水生动物防疫体系建设

《全国动植物保护能力提升工程建设规划（2017—2025年）》进一步落实，上下贯通、横向协调、运转高效、保障有力的动植物保护体系逐步完善。截至2022年年底，共启动或完成水生动物疫病监测预警能力建设项目59个，列入2023年启动计划的有5个，实施率为83%；共启动或完成水生动物防疫技术支撑能力建设项目14个，列入2023年启动计划的有2个，实施率为64%（附录2）。

（二）全国水生动物防疫系统实验室检测能力验证

为提高水生动物防疫体系能力，2022年农业农村部继续组织开展了水生动物防疫系统实验室检测能力验证，对鲤春病毒血症、锦鲤疱疹病毒病、鲤浮肿病、草鱼出血病、鲫造血器官坏死病、传染性造血器官坏死病、罗非鱼湖病毒病、病毒性神经坏死病、白斑综合征、传染性皮下和造血组织坏死病、急性肝胰腺坏死病、十足目虹彩病毒病、虾肝肠胞虫病、对虾病毒性偷死病、包纳米虫病15种疫病病原实验室的检测能力进行验证。全国共有242家单位报名参加了本次能力验证，其中224家单位取得相应疫病检测“满意”结果，为2014年开展能力验证以来最高水平。全国水产技术推广总站针对能力验证过程中出现的技术问题，采取线上直播方式举办了“2022年全国水生动物防疫系统实验室技术培训班”，来自全国水生动物防疫系统实验室的技术人员近2万人次参加了培训（图52、图53）。

图52　2022年全国水生动物防疫系统实验室技术培训班

图53　2022年全国水生动物防疫系统实验室技术培训班（各地学员线上培训现场）

（三）水生动物防疫标准化建设

2022年，第一届全国水产标准化技术委员会水产养殖病害防治分技术委员会完成了对国家标准《贝类包纳米虫病诊断方法》的审定和对《鱼类检疫方法 第6部分：杀鲑气单胞菌》等3项国家标准的复审工作，完成率达到100%。此外，发布实施了《病死水生动物及病害水生动物产品无害化处理规范》等8项行业标准（附录3）。据统计，目前全国发布现行有效的水生动物防疫相关标准共有312项。其中，国家标准40项，行业标准176项（含农业农村部水产行业标准107项，出入境检验检疫行业标准69项），地方标准96项，详见水生动物防疫标准目录清单。

水生动物防疫标准目录清单

第四章　国际交流合作

2022年，我国积极参与推进全球“同一个健康”理念，持续开展水生动物防疫领域国际交流合作，认真履行水生动物卫生领域的国际义务，加强深化与联合国粮食及农业组织（FAO）、世界动物卫生组织（WOAH）、亚太水产养殖中心网（NACA）等国际组织和其他国家的交流合作，致力于减少水生动物疾病的全球性传播，共同保障全球水生动物卫生安全。

一、与FAO的交流合作

（一）参加2022世界农场动物福利与食物健康大会

4月12日，FAO与中国农业国际合作促进会(CAPIAC)联合主办的“2022世界农场动物福利与食物健康大会水产动物福利论坛”以线上直播形式举办。本次论坛邀请到来自相关国际组织、协会、政府部门、大学和企业等的10余位嘉宾参加，1万余人次在线收看。全国水产技术推广总站李清总工程师参加论坛并作了题为“中国水生动物疫病防控体系状况及防病思路”的报告（图54）。

图54　李清总工程师参加在线论坛

（二）参加PMP/AB技术工作组会议

6月28日至7月1日，FAO“改善水生动物卫生状况”（PMP/AB）技术工作组会议在意大利加埃塔举行，会议以线上线下结合方式召开。中国水产科学研究院黄海水产研究所张庆利研究员作为“PMP/AB”技术工作组专家受邀参会。本次会议集中讨论了“PMP/AB”指导方案的系列工具文件，在全球国家和企业层面开展“PMP/AB”试点的指导步骤，并就“PMP/AB”管理机制、生物安保行动计划（国家与企业层面）、风险评估、紧急应对和培训宣贯等内容进行了详细交流。张庆利研究员介绍了我国水产养殖生物安保实践与示范的经验，结合具体案例分享了养殖场层面开展“PMP/AB”指导的步骤，就“PMP/AB”指导方案与试点的宗旨、要点以及紧急响应提出了建议，并提议在国家和区域“PMP/AB”实践中关注跨界水生动物疾病风险（图55）。

图55 张庆利研究员参加FAO PMP/AB技术工作组会议

（三）FAO水产养殖抗微生物药物耐药性和生物安保参考中心获得批复

10月25日，FAO致函中国水产科学研究院，“FAO水产养殖抗微生物药物耐药性和生物安保参考中心”获得批复，任命中国水产科学研究院黄海水产研究所张庆利研究员为黄海水产研究所参考中心负责人，中国水产科学研究院珠江水产研究所王庆研究员为珠江水产研究所参考中心负责人。“FAO水产养殖抗微生物药物耐药性和生物安保参考中心”将协助FAO提高各国对抗微生物药物耐药性（AMR）威胁和生物安保的认识、加强应对AMR和实施生物安保的能力建设、规范抗生素使用和推广水产养殖生物安保实践、强化负责任和慎重用药理念等，共同为全球AMR和生物安保工作贡献力量（图56）。

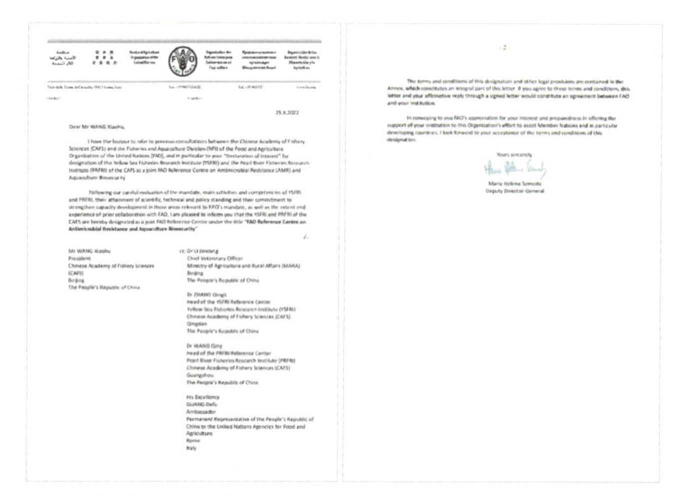

25.X.2022

Dear Mr WANG Xiaohu,

I have the honour to refer to previous consultations between the Chinese Academy of Fishery Sciences (CAFS) and the Fisheries and Aquaculture Division (NFI) of the Food and Agriculture Organization of the United Nations (FAO), and in particular to your "Declaration of Interest" for designation of the Yellow Sea Fisheries Research Institute (YSFRI) and the Pearl River Fisheries Research Institute (PRFRI) of the CAFS as a joint FAO Reference Centre on Antimicrobial Resistance (AMR) and Aquaculture Biosecurity.

Following our careful evaluation of the mandate, main activities and competencies of YSFRI and PRFRI, their attainment of scientific, technical and policy standing and their commitment to strengthen capacity development in those areas relevant to FAO's mandate, as well as the extent and experience of prior collaboration with FAO, I am pleased to inform you that the YSFRI and PRFRI of the CAFS are hereby designated as a joint FAO Reference Centre under the title "**FAO Reference Centre on Antimicrobial Resistance and Aquaculture Biosecurity**".

Mr WANG Xiaohu
President
Chinese Academy of Fishery Sciences (CAFS)
Beijing
The People's Republic of China

cc: Dr LI Jinxiang
Chief Veterinary Officer
Ministry of Agriculture and Rural Affairs (MARA)
Beijing
The People's Republic of China

Dr ZHANG Qingli
Head of the YSFRI Reference Center
Yellow Sea Fisheries Research Institute (YSFRI)
Chinese Academy of Fishery Sciences (CAFS)
Qingdao
The People's Republic of China

Dr WANG Qing
Head of the PRFRI Reference Center
Pearl River Fisheries Research Institute (PRFRI)
Chinese Academy of Fishery Sciences (CAFS)
Guangzhou
The People's Republic of China

His Excellency
GUANG Defu
Ambassador
Permanent Representative of the People's Republic of China to the United Nations Agencies for Food and Agriculture
Rome
Italy

- 2 -

The terms and conditions of this designation and other legal provisions are contained in the Annex, which constitutes an integral part of this letter. If you agree to these terms and conditions, this letter and your affirmative reply through a signed letter would constitute an agreement between FAO and your institution.

In conveying to you FAO's appreciation for your interest and preparedness in offering the support of your institution to this Organization's effort to assist Member Nations and in particular developing countries, I look forward to your acceptance of the terms and conditions of this designation.

Yours sincerely,

Maria Helena Semedo
Deputy Director-General

图56 张庆利研究员、王庆研究员分别被任命为FAO水产养殖抗微生物药物耐药性和生物安保参考中心负责人

（四）参与举办FAO“共同行动，遏制耐药”技术研讨会

11月30日，FAO联合全球4个正式任命的“FAO水产养殖抗微生物药物耐约性与生物安保参考中心”在线举办了“共同行动，遏制耐药”技术研讨会。来自全球高校、科研机构、养殖生产企业、推广机构等相关人员以及FAO渔业和水产养殖司官员等200余人参加了视频会议，“水产前沿”进行了同步直播。中国水产科学研究院黄海水产研究所张庆利研究员、中国水产科学研究院珠江水产研究所王庆研究员以参考中心负责人身份出席会议并做报告。张庆利研究员介绍了我国在海水养殖病害绿色防控技术以及减抗、替抗方面的科研进展和产业贡献，王庆研究员介绍了中国水产科学研究院珠江水产研究所在抗微生物药物耐药性和生物安保方面的具体工作（图57）。

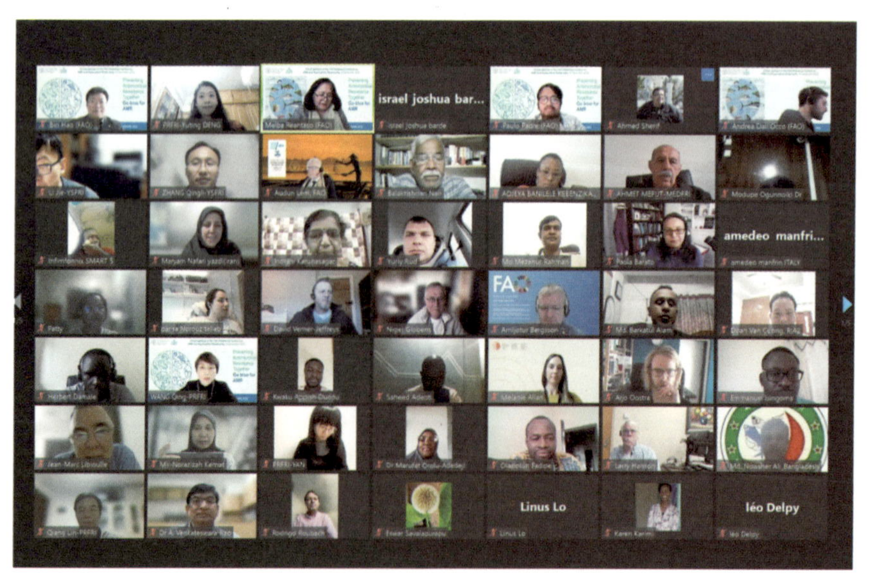

图57 专家代表参加FAO视频会议

二、与WOAH的交流合作

（一）积极履行成员义务

做好WOAH水生动物定点联系人工作，报送我国水生动物卫生状况半年报告。组织专家参加国际标准制修订，6月2日和11月23日分别组织专家召开在线研讨会，对WOAH《水生动物诊断试验手册》和《水生动物卫生法典》进行评议，并向WOAH提交了针对2021年版WOAH《水生动物疾病诊断手册》和《水生动物卫生法典》的修订章节评议意见（图58）。

图58　专家代表参加WOAH《水生动物疾病诊断手册》和《水生动物卫生法典》评议

（二）积极参与WOAH水生动物卫生标准委员会工作 》》》》》

2月和9月，深圳海关刘荭研究员作为WOAH水生动物卫生标准委员会委员两次参加委员会线上会议，对涉及水生动物疫病的国际标准部分章节进行了制修订，形成了2022年版WOAH《水生动物疾病诊断手册》和《水生动物卫生法典》，以及于2023年5月WOAH成员会议上讨论的2023年版（图59）。

图59　刘荭研究员参加WOAH视频会议

（三）积极履行WOAH参考实验室职责 》》》》》

中国水产科学研究院黄海水产研究所WOAH参考实验室张庆利研究团队参加了2022年度澳大利亚组织的对虾疫病病原检测国际能力验证活动，6种病原的测试均获得了“满意”结果。参加能力验证有助于提升我国水生动物疾病诊断实验室的检测能力和技术水平。

2月21—25日，WOAH联合澳大利亚疾病预防中心（ACDP）举办亚太区域实验室能力验证提供者线上培训，来自中国、印度、韩国等9个国家的30余人参会。中国水产科学研究院黄海水产研究所杨冰副研究员、万晓媛工程师和李晨工程师作为亚太区域水生动物疾病诊断实验室代表参加培训。组织方围绕国际标准《ISO/IEC 17043合格评定能力验证的通用要求》的关键因素，从外部质量评估重要性概述、能力验证计划的策略和运作、结果报告与分析等方面对参会学员进行培训（图60）。

图60　专家代表参加亚太区域实验室能力验证提供者线上培训

三、与NACA的交流合作

FAO和NACA合作开展了“水生动物卫生管理能力和效果（AAHCP）的国家自我评估调查”项目（下称“AAHCP”项目），该项目是FAO“PMP/AB”项目的延续。全国水产技术推广总站3月派员参加了“AAHCP”项目启动会，7月提交了“AAHCP”项目调查问卷，11月又参加了“AAHCP”项目研讨会，介绍了调查问卷结果。

11月17—18日，NACA组织召开了线上第21次亚洲区域水生动物卫生咨询组会议(AGM21)。来自WOAH、FAO、NACA等国际组织，以及来自泰国、马来西亚、孟加拉国等国家的WOAH水生动物卫生定点联系人、政府官员和专家等约30人参加会议。会议议题包括WOAH水生动物卫生标准委员会（AAHSC）、WOAH亚太区水生动物卫生区域合作框架、“PMP/AB”项目以及疾病报告系统（QAAD）和疾病列表的最新情况等。我国与会代表作了关于我国重要水生动物疾病防控工作新措施新情况的报告（图61）。

图61　我国代表参加第21次亚洲区域水生动物卫生咨询组会议

第五章　水生动物疫病防控体系

一、水生动物疫病防控机构和组织

国家机构改革进一步深化，水生动物疫病防控体系进一步调整。

（一）水生动物疫病防控行政管理机构

依照《中华人民共和国动物防疫法》，国务院农业农村主管部门主管全国的动物防疫工作。县级以上地方人民政府农业农村主管部门主管本行政区域的动物防疫工作。县级以上人民政府其他有关部门在各自职责范围内做好动物防疫工作。军队动物卫生监督职能部门负责军队现役动物和饲养自用动物的防疫工作。国务院农业农村主管部门和海关总署等部门应当建立防止境外动物疫病输入的协作机制。

农业农村部内设渔业渔政管理局组织水生动植物疫病监测防控，承担水生动物防疫检疫相关工作，监督管理水产养殖用兽药使用和残留检测等。

中华人民共和国海关总署内设动植物检疫司，承担出入境动植物及其产品的检验检疫、监督管理工作。

（二）水生动物卫生监督机构

依照《中华人民共和国动物防疫法》，县级以上地方人民政府的动物卫生监督机构负责本行政区域的动物、动物产品的检疫工作。

目前，我国各地从事水生动物检疫的县级以上动物卫生监督机构类型不尽一致，主要有以下几种：农业农村行政主管局或行政内设处室、农业综合执法机构、渔政执法机构、动物疫病预防控制机构、水产技术推广机构、动物卫生监督所、水生动物卫生监督所等，这些从事水生动物检疫的机构形成了我国水生动物卫生监督体系。

（三）水生动物疫病预防控制机构

依照《中华人民共和国动物防疫法》，县级以上人民政府按照国务院的规定，根据统筹规划、合理布局、综合设置的原则建立动物疫病预防控制机构。动物疫病预防控制机构承担动物疫病的监测、检测、诊断、流行病学调查、疫情报告以及其他预防、控制等技术工作；承担动物疫病净化、消灭的技术工作。

1. 国家水生动物疫病预防控制机构

全国水产技术推广总站是农业农村部直属事业单位，承担国家水生动物疫病监测、流行病学调查、突发疫情应急处置和卫生状况评估，组织开展全国水产养殖动植物病情监测、预报和预防，组织开展防疫标准制修订工作等工作。

2. 省级水生动物疫病预防控制机构

天津市和广东省动物疫病预防控制中心同时承担水生和陆生动物疫病预防控制机构职责；北京、河北、吉林、黑龙江、江苏、浙江、福建、海南、重庆、陕西、甘肃、青海、宁夏、新疆14省（自治区、直辖市）和新疆生产建设兵团，以及大连、宁波和深圳3个计划单列市，在水产技术推广机构加挂了水生动物疫病预防控制机构牌子；湖北在水产科研机构加挂了水生动物疫病预防控制机构牌子；山西、上海、安徽、江西、河南、贵州和云南7省（直辖市），以及青岛和厦门2个计划单列市分别是水产技术推广机构或水产科研机构具有水生动物疫病预防控制机构职责；辽宁、山东和广西3省（自治区）是水产技术推广机构、水产科研机构等多家机构共同承担水生动物疫病预防控制机构职责；内蒙古自治区农牧业技术推广中心具有水生动物疫病预防控制机构职责；湖南省水生动物防疫检疫站是湖南省畜牧水产事务中心内设机构；四川省水产局具有水生动物疫病预防控制机构职责（附录4）。

除四川省、西藏自治区、青岛市和新疆生产建设兵团外，其他29个省（自治区、直辖市）和大连、宁波、厦门、深圳4个计划单列市均建设了水生动物疫病监测预警实验室。

3. 地（市）级和县（市）级水生动物疫病预防控制机构

目前全国有214个地（市）的水产技术推广机构开展了水生动物疾病监测预防相关工作，国家和地方依托109个地（市）级水产技术推广机构建设了水生动物疾病监测预警实验室。全国共有944个县（市）的水产技术推广机构开展了水生动物疾病监测预防相关工作，国家和地方财政依托506个县（市）级水产技术推广机构建设了水生动物疾病监测预警实验室（附录5）。

（四）水生动物防疫科研体系

我国水生动物疫病防控科研体系包括隶属国家部委管理的机构和隶属地方政府管理的机构。其中，隶属国家部委管理的，目前共有11个科研机构和5个高等院校拥有水生动物疫病防控相关技术专业团队，这些科研机构和高等院校分别归口农业农村部、中国科学院、自然资源部以及教育部指导管理（表3）；隶属地方政府管理的，多数省份设有水产研究机构，负责开展水生动物疫病防控技术研究相关工作。此外，还有不少地方高校拥有水生动物疫病防控相关技术的研究团队。

表3　隶属国家部委管理的水生动物疫病防控相关科研机构

序号	单位名称		官方网站
1	中国水产科学研究院	黄海水产研究所	http://www.ysfri.ac.cn
2		东海水产研究所	http://www.ecsf.ac.cn
3		南海水产研究所	http://southchinafish.ac.cn
4		黑龙江水产研究所	http://www.hrfri.ac.cn
5		长江水产研究所	http://www.yfi.ac.cn
6		珠江水产研究所	http://www.prfri.ac.cn
7		淡水渔业研究中心	http://www.ffrc.cn
8	中国科学院	水生生物研究所	http://www.ihb.ac.cn
9		海洋研究所	http://www.qdio.cas.cn
10		南海海洋研究所	http://www.scsio.ac.cn
11	自然资源部	第三海洋研究所	http://www.tio.org.cn
12	教育部	中山大学	http://www.sysu.edu.cn
13		中国海洋大学	http://www.ouc.edu.cn
14		华中农业大学	http://www.hzau.edu.cn
15		华东理工大学	https://www.ecust.edu.cn
16		西北农林科技大学	https://www.nwafu.edu.cn

为提升水生动物疫病的防控技术水平，农业农村部还依托有关单位设立了5个水生动物疫病重点实验室及7个《国家水生动物疫病监测计划》参考实验室。此外，世界动物卫生组织（WOAH）认可的参考实验室有4个（表4）。

表4　水生动物疫病重点实验室和WOAH参考实验室

序号	实验室名称（疫病领域）	依托单位
1	农业农村部淡水养殖病害防治重点实验室（农办科〔2016〕29号）	中国科学院水生生物研究所

（续）

序号	实验室名称（疫病领域）	依托单位
2	海水养殖动物疾病研究重点实验室（发改农经〔2006〕2837号、农计函〔2007〕427号）	中国水产科学研究院黄海水产研究所
3	农业农村部海水养殖病害防治重点实验室（农办科〔2016〕29号）	
4	白斑综合征（WSD）WOAH参考实验室（认可年份2011年）	
5	传染性皮下和造血组织坏死病(IHHN) WOAH参考实验室(认可年份2011年)	
6	白斑综合征、虾肝肠胞虫病、十足目虹彩病毒病参考实验室(农渔发〔2022〕7号)	
7	长江流域水生动物疫病重点实验室（发改农经〔2006〕2837号、农计函〔2007〕427号）	中国水产科学研究院长江水产研究所
8	鲫造血器官坏死病参考实验室（农渔发〔2022〕7号）	
9	珠江流域水生动物疫病重点实验室（发改农经〔2006〕2837号、农计函〔2007〕427号）	中国水产科学研究院珠江水产研究所
10	草鱼出血病参考实验室（农渔发〔2022〕7号）	
11	鲤春病毒血症（SVC）WOAH参考实验室（认可年份2011年）	深圳海关
12	传染性造血器官坏死病（IHN）WOAH参考实验室（认可年份2018年）	
13	鲤春病毒血症参考实验室（农渔发〔2022〕7号）	
14	病毒性神经坏死病参考实验室（农渔发〔2022〕7号）	福建省淡水水产研究所
15	传染性造血器官坏死病、鲤浮肿病参考实验室(农渔发〔2022〕7号)	北京市水产技术推广站
16	锦鲤疱疹病毒病参考实验室（农渔发〔2022〕7号）	江苏省水生动物疫病预防控制中心

（五）水生动物防疫技术支撑机构

1. 渔业产业技术体系

根据农业农村部《关于现代农业产业技术体系“十三五”新增岗位科学家的通知》（农科（产业）函〔2017〕第23号），农业农村部现代农业产业技术体系中共有6个渔业产业技术体系，分别为大宗淡水鱼、特色淡水鱼、海水鱼、藻类、虾蟹和贝类。每个产业技术体系均设立了疾病防控功能研究室及有关岗位科学家，在病害研究及防控中发挥着重要的技术支撑作用（附录6）。

2. 其他系统相关机构

国家海关系统的出入境检验检疫技术部门，在我国水生动物疫病防控工作中，特别是在进出境水生动物及其产品的监测、防范外来水生动物疫病传入方面，发挥着重要的技术支撑作用。

（六）水生动物医学高等教育体系

中国海洋大学、华中农业大学、上海海洋大学、大连海洋大学、广东海洋大学、华南农业大学、集美大学和西北农林科技大学分别设有水生动物医学学科方向的研究生培养体系。上海海洋大学、大连海洋大学、广东海洋大学、集美大学、青岛农业大学、仲恺农业工程学院和湖南农业大学分别于2012年、2014 年、2016 年、2017 年、2018 年、2021年、2022年起开设了水生动物医学本科专业并招生。这些高校是我国水生动物防疫工作者的摇篮，也是我国水生动物防疫体系的重要组成部分。

（七）专业技术委员会

1. 农业农村部水产养殖病害防治专家委员会

根据《农业部关于成立农业部水产养殖病害防治专家委员会的通知》（农渔发〔2012〕12号），农业农村部水产养殖病害防治专家委员会（以下简称“水产病害专家委”）于2012年成立，秘书处设在全国水产技术推广总站。2017年，换届成立了第二届水产病害专家委（农渔发〔2017〕44号），共有委员37名（附录7），分设海水鱼组、淡水鱼组和甲壳类贝类组3 个专业工作组。水产病害专家委主要职责是：对国家水产养殖病害防治和水生动物疫病防控相关工作提供决策咨询、建议和技术支持；参与全国水产养殖病害防治和水生动物疫病防控工作规划及水生动物疫病防控政策制订；突发、重大、疑难水生动物疫病的诊断、应急处置及防控形势会商；国家水生动物卫生状况报告、技术规范、标准等技术性文件审定；无规定疫病苗种场的评估和审定；国内外水生动物疫病防控学术交流与合作等。

2. 全国水产标准化技术委员会水产养殖病害防治分技术委员会

全国水产标准化技术委员会水产养殖病害防治分技术委员会（以下简称“分技委”）于2022年1月25日经国家标准化委员会批准正式成立。分技委编号为SAC/TC156/SC11，第一届分技委由34位委员组成（附录8），全国水产技术推广总站李清总工程师任主任委员，中山大学何建国教授、中国海洋大学战文斌教授任副主任委员，秘书处设在全国水产技术推广总站。

分技委在全国水生动物防疫标准化技术工作组基础上筹建，主要负责水产养殖动植物病害防治管理、技术及用品等国家标准制修订工作，具体承担以下职责：提出水生动物防疫标准化工作的方针、政策及技术措施等建议；组织编制水生动物防疫标准制（修）订计划；组织起草、审定和修订水生动物防疫国家标准和行业标准；负责水生动物防疫标准的宣传、释义和技术咨询服务等工作；承担水生动物防疫标准化技术的国际交流和合作等。分技委的成立，标志着我国水生动物防疫标准化工作步入了更加规范的轨道。

二、水生动物疫病防控队伍

（一）渔业官方兽医队伍

水产苗种产地检疫制度进一步落实，至2022年年底，全国累计确认了渔业官方兽医8 166名。

（二）渔业执业兽医队伍

截至2022年，农业农村部共举办了全国水生动物类执业兽医资格考试8次。全国累计通过水生动物类执业兽医资格考试的人员6 668人次。其中，通过水生动物类执业兽医师资格合格线人数3 791人次，通过执业助理兽医师资格合格线人数2 877人次。通过执业注册和备案，最终取得水生动物类执业兽医师资格证书3 649人（含552名水产高级职称人员直接获得），执业助理兽医师资格证书1 798人，共计5 447人。

（三）水生物病害防治员

自2001年起至今，已累计获证35 707人次，主要分布在基层生产一线、渔业饲料或水产用药生产企业、渔药经营门店、水产技术推广机构、水生动物疫病防控机构及其他渔业相关单位。2021年1月1日起，水生物病害防治员退出了职业资格目录，相关职业技能鉴定工作已停止，转为行业等级认定。

第六章 水生动物防疫法律法规体系

一、国家水生动物防疫相关法律法规体系

近年来，我国水生动物防疫相关法律法规体系逐步完善，目前已形成以《中华人民共和国渔业法》《中华人民共和国进出境动植物检疫法》《中华人民共和国农业推广法》《中华人民共和国农产品质量安全法》《中华人民共和国动物防疫法》《中华人民共和国生物安全法》为核心，《重大动物疫情应急条例》《兽药管理条例》《动物防疫条件审查办法》等行政法规、部门规章，以及地方性法规和规范性文件为补充的法律法规体系框架（表5）。

表5 国家水生动物防疫法律法规及规范性文件

分类		名称	施行日期	主要内容
法律法规	法律	中华人民共和国渔业法	1986年7月1日（2013年12月28日修正）	包括总则、养殖业、捕捞业、渔业资源的增殖和保护、法律责任及附则。明确了县级以上人民政府渔业行政主管部门应当加强对养殖生产的技术指导和病害防治工作。同时明确水产苗种的进口、出口必须实施检疫，防止病害传入境内和传出境外。
		中华人民共和国进出境动植物检疫法	1992年4月1日（2009年8月27日修正）	包括总则、进境检疫、出境检疫、过境检疫、携带邮寄物检疫、运输工具检疫、法律责任及附则。明确了国务院设立动植物检疫机关，统一管理全国进出境动植物检疫工作。贸易性动物产品出境的检疫机关，由国务院根据实际情况规定。国务院农业行政主管部门主管全国进出境动植物检疫工作。

（续）

分类		名称	施行日期	主要内容
法律法规	法律	中华人民共和国农业技术推广法	1993年7月2日（2012年8月31日修正）	包括总则、农业技术推广体系、农业技术的推广与应用、农业技术推广的保障措施、法律责任及附则。明确了各级国家农业技术推广机构属于公共服务机构，植物病虫害、动物疫病及农业灾害的监测、预报和预防是各级国家农业技术推广机构的公益性职责。
		中华人民共和国农产品质量安全法	2006年11月1日（2018年10月26日修正，2022年9月2日修订）	包括总则、农产品质量安全风险管理和标准制定、农产品产地、农产品生产、农产品销售、监督管理、法律责任及附则。明确了国家引导、推广农产品标准化生产，鼓励和支持生产绿色优质农产品，禁止生产、销售不符合国家规定的农产品质量安全标准的农产品。同时，明确了农产品生产企业、农民专业合作社、农业社会化服务组织应当建立农产品生产记录，如实记载农业投入品的名称、来源、用法、用量和使用、停用的日期，动物疫病、农作物病虫害的发生和防治情况，收获、屠宰或者捕捞的日期。
		中华人民共和国动物防疫法	2008年1月1日（2021年1月22日 第二次修订）	包括总则、动物疫病的预防、动物疫情的报告、通报和公布、动物疫病的控制、动物和动物产品的检疫、病死动物和病害动物产品的无害化处理、动物诊疗、兽医管理、监督管理、保障措施、法律责任及附则。明确了国务院农业农村主管部门主管全国的动物防疫工作，县级以上地方人民政府农业农村主管部门主管本行政区域的动物防疫工作。县级以上人民政府其他有关部门在各自职责范围内做好动物防疫工作。军队动物卫生监督职能部门负责军队现役动物和饲养自用动物的防疫工作。

（续）

分类		名称	施行日期	主要内容
法律法规	法律	中华人民共和国生物安全法	2021年4月15日	包括总则、生物安全风险防控体制、防控重大新发突发传染病、动植物疫情、生物技术研究、开发与应用安全、病原微生物实验室生物安全、人类遗传资源与生物资源安全、防范生物恐怖与生物武器威胁、生物安全能力建设、法律责任及附则。明确了疾病预防控制机构、动物疫病预防控制机构、植物病虫害预防控制机构应当对传染病、动植物疫病和列入监测范围的不明原因疾病开展主动监测，收集、分析、报告监测信息，预测新发突发传染病、动植物疫病的发生、流行趋势。
	国务院法规及规范性文件	兽药管理条例	2004年11月1日（2020年3月27日 第三次修订）	包括总则、新兽药研制、兽药生产、兽药经营、兽药进出口、兽药使用、兽药监督管理、法律责任及附则。明确了水产养殖中的兽药使用、兽药残留检测和监督管理以及水产养殖过程中违法用药的行政处罚，由县级以上人民政府渔业主管部门及其所属的渔政监督管理机构负责。
		病原微生物实验室生物安全管理条例	2004年11月12日（2018年4月4日修订）	包括总则、病原微生物的分类和管理、实验室的设立与管理、实验室感染控制、监督管理、法律责任及附则。明确了国务院兽医主管部门主管与动物有关的实验室及其实验活动的生物安全监督工作。
		重大动物疫情应急条例	2005年11月18日（2017年10月7日修订）	包括总则、重大动物疫情的应急准备、重大动物疫情的监测、报告和公布、重大动物疫情的应急处理、法律责任及附则。明确了重大动物疫情应急工作按照属地管理的原则，实行政府统一领导、部门分工负责，逐级建立责任制。县级以上人民政府兽医主管部门具体负责组织重大动物疫情的监测、调查、控制、扑灭等应急工作。县级以上人民政府林业主管部门、兽医主管部门按照职责分工，加强对陆生、野生动物疫源疫病的监测。县级以上人民政府其他有关部门在各自的职责范围内，做好重大动物疫情的应急工作。

（续）

分类		名称	施行日期	主要内容
法律法规	国务院法规及规范性文件	《国务院关于推进兽医管理体制改革的若干意见》（国发〔2005〕15号）	2005年5月14日	明确了兽医管理体制改革的必要性和紧迫性、兽医管理体制改革的指导思想和目标、建立健全兽医工作体系、加强兽医队伍和工作能力建设、建立完善兽医工作的公共财经保障机制、抓紧完善兽医管理工作的法律法规体系、加强对兽医管理体制改革的组织领导七方面内容。
部门规章和规范性文件	应急管理	水生动物疫病应急预案（农办发〔2005〕11号）	2005年7月21日	包括总则、水生动物疫病应急组织体系、预防和预警机制、应急响应、后期处置、保障措施、附则及附录。明确了水生动物疫病预防与控制实行属地化、依法管理的原则。县级以上地方人民政府渔业行政主管部门对辖区内的水生动物疫病防治工作负主要责任，经所在地人民政府授权，可以指挥、调度水生动物疫病控制物资储备资源，组织开展相关工作；严格执行国家有关法律法规，依法对疫病预防、疫情报告和控制等工作实施监管。
	疫病预防与报告	动物防疫条件审查办法	2022年12月1日	包括总则、动物防疫条件、审查发证、监督管理、法律责任及附则。明确了农业农村部主管全国动物防疫条件审查和监督管理工作；县级以上地方人民政府农业农村主管部门负责本行政区域内的动物防疫条件审查和监督管理工作。
		无规定动物疫病区评估管理办法	2017年5月27日	包括总则、无规定动物疫病区的评估申请、无规定动物疫病区评估、无规定动物疫病区公布及附则。明确了国务院农业部门负责无规定动物疫病区评估管理工作，制定发布了《无规定动物疫病区管理技术规范》和无规定动物疫病区评审细则。
		无规定动物疫病小区评估管理办法	2019年12月17日	包括总则、申请、评估、公布、监督管理及附则。明确了农业农村部负责无规定动物疫病小区评估管理工作，制定发布《无规定动物疫病小区管理技术规范》。

（续）

分类		名称	施行日期	主要内容
部门规章和规范性文件	疾病预防与报告	关于印发《水生动物防疫工作实施意见》（试行）通知（国渔养〔2000〕16号）	2000年10月18日	明确了水生动物防疫工作的指导思想；水生动物防疫机构的设置和职责；水生动物防疫工作的对象；水生动物检疫标准及检测技术；水生动物防疫监测、报告和汇总分析；水生动物设病划区管理；地区间引种的风险分析；水生动物防疫技术保障体系建设；水生动物防疫应急计划；水生动物防疫执法人员资格考核和管理；水生动物防疫证章管理；水生动物防疫的收费问题等十二个方面内容。
		一、二、三类动物疫病病种名录（农业部公告第573号）	2008年12月11日（2022年6月23日修订）	包括水生动物疫病36种。其中，二类疫病14种，三类疫病22种。
		农业农村部关于印发《三类动物疫病防治规范》的通知	2022年6月23日	规定了三类动物疫病的预防、疫情报告及疫病诊治要求。适用于中华人民共和国境内三类动物疫病防治的相关活动。
		关于印发《水产养殖动物疫病防控指南(试行)》的通知（农渔养函〔2022〕116号）	2022年11月11日	包括水生动物疾病预防、诊治、人员和档案管理和应急处置。适用于我国水产养殖主体对水产养殖动物疾病防控的相关活动。
		中华人民共和国进境动物检疫疫病名录（农业农村部、海关总署公告第256号）	2020年7月3日	包括水生动物疫病43种，均被列为进境检疫二类疫病。
		农业农村部关于做好动物疫情报告等有关工作的通知(农医发〔2018〕22号)	2018年6月15日	明确了动物疫情报告、通报和公布等工作的职责分工。规范了疫情报告、疫病确诊与疫情认定、疫情通报与公布、疫情举报和核查等工作的相关事项。
		《水产苗种管理办法》	2005年4月1日	包括总则、种质资源保护和品种选育、生产经营管理、进出口管理及附则。明确了县级以上地方人民政府渔业行政主管部门应当加强对水产苗种的产地检疫。
		关于印发《病死及死因不明动物处置办法（试行）》的通知（农医发〔2005〕25号）	2005年10月21日	规定了病死及死因不明动物的处置办法，适用于饲养、运输、屠宰、加工、贮存、销售及诊疗等环节发现的病死及死因不明动物的报告、诊断及处置工作。

（续）

分类		名称	施行日期	主要内容
部门规章和规范性文件	疫病预防与报告	病死畜禽和病害畜禽产品无害化处理管理办法	2022年7月1日	本办法规定了病死畜禽和病害畜禽产品的收集、无害化处理、监督管理和法律责任等。病死水产养殖动物和病害水产养殖动物产品的无害化处理，参照本办法执行。
	兽药管理	兽药进口管理办法	2007年7月31日（2019年4月25日第一次修订，2022年1月7日第二次修订）	包括总则、兽药进口申请、进口兽药经营、监督管理及附则。明确了农业农村部负责全国进口兽药的监督管理工作，县级以上地方人民政府兽医主管部门负责本行政区域内进口兽药的监督管理工作。
		新兽药研制管理办法	2005年11月1日（2019年4月25日修订）	包括总则、临床前研究管理、临床试验审批、监督管理、罚则及附则。明确了国务院农业部门负责全国新兽药研制管理工作。
		兽药产品批准文号管理办法	2015年12月3日（2019年4月25日第一次修订，2022年1月7日第二次修订）	包括总则、兽药产品批准文号的申请和核发、兽药现场核查和抽样、监督管理、附则。明确了农业农村部负责全国兽药产品批准文号的核发和监督管理工作。
		兽用生物制品经营管理办法	2021年5月15日	在中华人民共和国境内从事兽用生物制品的分发、经营和监督管理，应当遵守本办法。明确了农业农村部负责全国兽用生物制品的监督管理工作。
		兽药注册评审工作程序	2021年4月15日	包括职责分工、评审工作方式、一般评审工作流程和要求、暂停评审计时。明确了农业农村部畜牧兽医局主管全国兽药注册评审工作。
		农业农村部办公厅关于进一步做好新版兽药GMP实施工作的通知	2021年9月14日	明确了兽药生产许可管理和兽药GMP检查验收的总体要求、厂区（厂房）布局要求、车间布局要求、设施设备要求、验证与记录要求等五方面事项。
	检疫监督管理	动物检疫管理办法	2022年12月1日	包括总则、检疫申报、产地检疫、屠宰检疫、进入无规定动物疫病区的动物检疫、官方兽医、动物检疫证章标志管理、监督管理、法律责任及附则。明确了水产苗种以外的其他水生动物及其产品不实施检疫。水产苗种产地检疫，由从事水生动物检疫的县级以上动物卫生监督机构实施。

（续）

分类		名称	施行日期	主要内容
部门规章和规范性文件	检疫监督管理	农业部农村部关于印发《生猪产地检疫规程》等22个动物检疫规程的通知(农牧发〔2023〕16号)	2023年4月4日	规定了鱼类、甲壳类和贝类产地检疫的检疫对象、检疫范围、申报点设置、检疫程序、检疫合格标准、检疫结果处理和检疫记录。适用于中华人民共和国境内鱼类、甲壳类和贝类的产地检疫。
		出境水生动物检验检疫监督管理办法	2007年8月31日（2018年11月23日第四次修正）	包括总则、注册登记、检验检疫、监督管理、法律责任及附则。明确了海关总署主管全国出境水生动物的检验检疫和监督管理工作。
		进境水生动物检验检疫监督管理办法	2016年7月26日（2018年11月23日修正）	包括总则、检疫准入、境外检验检疫、进境检验检疫、过境和中转检验检疫、监督管理、法律责任及附则。明确了海关总署主管全国进境水生动物的检验检疫和监督管理工作。
		进境动物和动物产品风险分析管理规定	2003年2月1日（2018年4月28日修订）	包括总则、进境动物、动物产品、动物遗传物质、动物源性饲料、生物制品和动物病理材料的危害因素确定、风险评估、风险管理、风险交流及附则。明确了海关总署统一管理进境动物、动物产品风险分析工作。
		中华人民共和国禁止携带、寄递进境的动植物及其产品和其他检疫物名录	2021年10月20日	禁止携带、寄递进境的动植物及其产品和其他检疫物名录包括：鱼类、甲壳类、两栖类、爬行类在内的活动物及动物遗传物质；水生动物产品（干制，熟制，发酵后制成的食用酱汁类水生动物产品除外）。
	实验室与动物诊疗机构管理	高致病性动物病原微生物实验室生物安全管理审批办法	2005年5月20日（2016年5月30日修订）	包括总则、实验室资格审批、实验活动审批、运输审批及附则。明确了国务院农业部门主管高致病性动物病原微生物实验室生物安全管理，县级以上人民政府兽医行政管理部门负责本行政区域内高致病性动物病原微生物实验室生物安全管理工作。
		动物病原微生物分类名录（农业部令2005年第53号）	2005年5月24日	包含水生动物病原微生物22种，均属三类病原微生物。
		农业部关于进一步规范高致病性动物病原微生物实验活动审批工作的通知(农医发〔2008〕27号)	2008年12月12日	明确了高致病动物病原微生物实验活动审批条件、规范高致病性动物病原微生物实验活动审批程序、加强高致病性动物病原微生物实验活动监督管理等三方面内容。

（续）

分类		名称	施行日期	主要内容
部门规章和规范性文件	实验室与动物诊疗机构管理	动物病原微生物菌（毒）种保藏管理办法	2009年1月1日（2016年5月30日第一次修订，2022年1月7日第二次修订）	包括总则、保藏机构、菌（毒）种和样本的收集、菌（毒）种和样本的保藏及供应、菌（毒）种和样本的销毁、菌（毒）种和样本的对外交流、罚则及附则 。明确了农业农村部主管全国菌（毒）种和样本保藏管理工作，县级以上地方人民政府畜牧兽医主管部门负责本行政区域内的菌（毒）种和样本保藏监督管理工作。
		检验检测机构资质认定管理办法	2015年8月1日（2021年4月2日修改）	包括总则、资质认定条件和程序、技术评审管理、监督检查及罚则。明确了国家市场监督管理总局主管全国检验检测机构资质认定工作，并负责检验检测机构资质认定的统一管理、组织实施、综合协调工作。省级市场监督管理部门负责本行政区域内检验检测机构的资质认定工作。
		关于印发《国家兽医参考实验室管理办法》的通知（农医发〔2005〕5号）	2005年2月25日	规定了国家兽医参考实验室的职责。明确了国家兽医参考实验室由国务院农业部门指定，并对外公布。
		兽医系统实验室考核管理办法	2010年1月1日	规定了兽医系统实验室考核管理制度。明确了考核承担部门及兽医实验室应当具备的条件。
		动物诊疗机构管理办法	2022年10月1日	包括总则、诊疗许可、诊疗活动管理、法律责任及附则。明确农业农村部负责全国动物诊疗机构的监督管理。县级以上地方人民政府农业农村主管部门负责本行政区域内动物诊疗机构的监督管理。
	执业兽医与乡村兽医管理	执业兽医和乡村兽医管理办法	2022年10月1日	包括总则、执业兽医资格考试、执业备案、执业活动管理、法律责任及附则。明确了农业农村部主管全国执业兽医和乡村兽医管理工作，加强信息化建设，建立完善执业兽医和乡村兽医信息管理系统。农业农村部和省级人民政府农业农村主管部门制定实施执业兽医和乡村兽医的继续教育计划，提升执业兽医和乡村兽医素质和执业水平。县级以上地方人民政府农业农村主管部门主管本行政区域内的执业兽医和乡村兽医管理工作，加强执业兽医和乡村兽医备案、执业活动、继续教育等监督管理。

（续）

分类		名称	施行日期	主要内容
部门规章和规范性文件	执业兽医与乡村兽医管理	执业兽医资格考试管理办法	2023年1月1日	包括总则、组织管理、命题组卷、考试报名、考试内容、巡考、成绩发布与证书颁发及附则。明确了执业兽医资格考试由农业农村部组织，全国统一大纲、统一命题、统一考试、统一评卷，执业兽医资格考试类别分为兽医全科类和水生动物类，包含基础、预防、临床和综合应用四门科目。
		执业兽医资格考试命题专家管理办法	2023年1月1日	包括总则、命题专家遴选、命题专家的职责、命题专家管理及附则。明确了中国动物疫病预防控制中心负责组织命题专家候选人的遴选、申报和初审工作。命题专家候选人由相关单位推荐。
	健康养殖	《关于加快推进水产养殖业绿色发展的若干意见》（农渔发〔2019〕1号）	2019年1月11日	强调了要加强疫病防控。具体落实全国动植物保护能力提升工程，健全水生动物疫病防控体系，加强监测预警和风险评估，强化水生动物疫病净化和突发疫情处置，提高重大疫病防控和应急处置能力。完善渔业官方兽医队伍，全面实施水产苗种产地检疫和监督执法，推进无规定疫病水产苗种场建设。加强渔业乡村兽医备案和指导，壮大渔业执业兽医队伍。科学规范水产养殖用疫苗审批流程，支持水产养殖用疫苗推广。实施病死养殖水生动物无害化处理。

二、地方水生动物防疫相关法规体系

目前，全国已有20个省（自治区、直辖市）出台了地方《动物防疫条例》，30个省（自治区、直辖市）以及青岛市（计划单列市）出台了水生动物防疫相关办法或相关规范性文件等，对国家相关法律法规进行了补充（表6）。

表6　地方水生动物防疫相关法规及规范性文件

省份	名称	施行日期
北京	北京市动物防疫条例	2014年10月1日
	北京市实施《中华人民共和国渔业法》办法	2007年9月1日

（续）

省份	名称	施行日期
天津	天津市动物防疫条例	2002年2月1日 （2004年12月21日第一次修订，2010年9月25日第二次修订，2021年7月30日第三次修订）
	天津市渔业管理条例	2004年1月1日 （2005年9月7日第一次修订，2018年12月14日第二次修订）
河北	河北省动物防疫条例	2002年12月1日
	河北省水产苗种管理办法	2011年10月20日
山西	山西省动物防疫条例	1999年8月16日（2017年9月29日第一次修订，2021年7月29日第二次修订）
内蒙古	内蒙古自治区动物防疫条例	2014年12月1日
辽宁	辽宁省水产苗种管理条例	2006年1月1日
	辽宁省水产苗种检疫实施办法	2006年4月1日
	辽宁省无规定动物疫病区管理办法	2003年9月8日 （2011年2月20日第一次修订）
吉林	吉林省水利厅关于印发《吉林省水生动物防疫工作实施细则》（试行）的通知	2001年11月14日
	吉林省渔业管理条例	2005年12月1日
	吉林省无规定动物疫病区建设管理条例	2011年8月1日
黑龙江	黑龙江省动物防疫条例	2001年3月1日 （2017年1月1日修订）
上海	上海市动物防疫条例（修订）	2006年3月1日 （2010年5月27日第一次修订；2022年10月28日第二次修订）
	上海市水产品质量安全监督管理办法	2022年5月1日
	入沪动物及动物产品防疫监督管理办法	2023年2月10日
江苏	江苏省动物防疫条例	2013年3月1日
	江苏省水产种苗管理规定	1999年5月31日（2006年11月20日修订）
	江苏省水产苗种产地检疫暂行办法	2018年7月
浙江	浙江省动物防疫条例	2011年3月1日
	浙江省水产苗种管理办法	2001年4月25日
	关于水生动物检疫有关问题的通知	2011年5月19日
	关于做好渔业官方兽医资格确认工作的通知（浙农渔发〔2020〕10号）	2020年5月29日

（续）

省份	名称	施行日期
浙江	关于印发《浙江省水产苗种产地检疫暂行办法》的通知（浙农渔发〔2021〕3号）	2021年2月27日
安徽	《关于做好2017年度新增、变更、注销、撤销官方兽医及首批渔业官方兽医工作的通知》（皖农办牧〔2018〕39号）	2018年4月11日
	《安徽省农业农村厅关于印发安徽省水产苗种产地检疫实施细则（试行）的通知》（皖农渔〔2020〕90号）	2020年7月13日
	《安徽省农业农村厅 中共安徽省委机构编制委员会办公室关于印发安徽省加强基层动植物疫病防控体系建设工作方案的通知》（皖农人〔2022〕133号）	2022年8月30日
福建	福建省实施《中华人民共和国渔业法》办法	1998年3月10日（2007年3月28日第一次修订，2019年11月27日第6次修订）
	福建省重要水生动物苗种和亲体管理条例	1998年9月25日（2010年7月30日修订）
	福建省动物防疫和动物产品安全管理办法	2002年1月15日
	福建省海洋与渔业厅突发水生动物疫情应急预案	2012年12月5日
	福建省动物防疫条例	2022年10月1日
	福建省水产苗种产地检疫暂行办法	2020年12月15日
江西	江西省动物防疫条例	2013年5月1日
	江西省渔业条例	2012年5月25日（2013年11月29日第一次修订，2019年9月28日第二次修订）
	江西省水产种苗管理条例	1998年8月21日 （2010年9月17日第一次修订，2018年5月31日第二次修订，2019年9月28日第三次修订）
山东	山东省农业农村厅关于印发《山东省水生动物疫病应急预案》的通知（鲁农渔字〔2020〕72号）	2020年11月3日
河南	河南省水产苗种管理办法	2008年4月28日
湖北	湖北省水产苗种产地检疫工作方案	2019年5月22日
	湖北省水产苗种管理办法	2008年6月10日
	湖北省动物防疫条例	2011年10月1日 （2021年11月26日修订）
湖南	湖南省水产苗种管理办法	2003年8月1日
广东	关于切实做好水产苗种产地检疫工作的通知（粤海渔函〔2011〕744号）	2011年9月16日
	关于做好水产苗种产地检疫委托事宜的通知	2011年8月30日

（续）

省份	名称	施行日期
广东	广东省水产品质量安全管理条例	2017年9月1日
	广东省动物防疫条例	2002年1月1日（2016年12月1日第一次修订，2021年12月1日第二次修订）
	关于加强水产苗种产地检疫工作的通知	2021年6月1日
	关于完善水产苗种产地检疫出证有关事项的通知	2021年7月6日
广西	广西壮族自治区水产畜牧兽医局关于进一步加强全区水产苗种产地检疫工作的通知	2013年4月28日
	广西壮族自治区水产苗种管理办法	1994年12月15日（1997年12月25日第一次修订，2004年6月29日第二次修订，2018年8月9日第三次修订）
	广西壮族自治区动物防疫条例	2013年1月1日
	广西壮族自治区动物检疫协检管理办法	2023年3月15日
海南	海南省无规定动物疫病区管理条例	2007年3月1日（2017年11月30日第一次修正，2021年9月30日第二次修正）
重庆	重庆市动物防疫条例	2013年10月1日
四川	四川省水利厅关于印发《四川省水生动物防疫检疫工作实施意见》的通知	2002年11月6日
	四川省水产种苗管理办法	2002年1月1日
	四川省无规定动物疫病区管理办法	2012年3月1日
贵州	贵州省动物防疫条例	2005年1月1日（2018年1月1日修订）
	贵州省渔业条例	2006年1月1日（2015年7月31日第一次修订，2016年5月27日第二次修订，2018年11月29日第三次修订）
云南	云南省动物防疫条例	2003年9月1日
	云南省水产苗种产地检疫办法（试行）	2019年12月8日
陕西	陕西省水产种苗管理办法	2001年7月14日（2014年3月1日修订）
甘肃	甘肃省动物防疫条例	2014年1月1日（2021年11月26日修订）
	甘肃省农业农村厅关于印发《甘肃省全面推进实施水产苗种产地检疫制度实施方案》的通知	2020年6月1日
	甘肃省实施《中华人民共和国渔业法》办法	2022年3月31日

（续）

省份	名称	施行日期
青海	青海省农牧厅关于加强水产苗种引进和检疫工作的通知	2013年12月2日
	青海省动物防疫条例	2017年3月1日
	关于印发青海省鲑鳟鱼传染性造血器官坏死病疫情应急处置规范的通知（青农渔〔2019〕159号）	2019年6月12日
	青海省农业农村厅关于加强水产苗种引进监管工作的通知	2022年6月22日
宁夏	宁夏回族自治区动物防疫条例	2003年6月1日 （2012年8月1日修订）
	宁夏回族自治区无规定动物疫病区管理办法	2014年3月1日
新疆	新疆维吾尔自治区水生动物防疫检疫办法	2013年3月1日
青岛	青岛市水产苗种管理办法（青岛市人民政府令第159号）	2003年11月1日
	青岛市海洋渔业管理条例	2004年3月1日（2010年10月29日第一次修订，2020年1月14日第二次修订）
	关于印发《青岛市水生动物疫病应急预案》的通知（青海发〔2020〕20号）	2020年7月30日

附　录

附录1　2022年获得奖励的部分水生动物防疫技术成果

序号	项目名称	奖励等级
1	异育银鲫重大疾病防控关键技术研究与示范	2022年度中国商业联合会科学技术奖科技进步类二等奖
2	浙江省产学研推一体化团队全域推进配合饲料替代幼杂鱼养殖行动创新与实践	2019—2021年度全国农牧渔业丰收奖农业技术推广合作奖
3	基于大黄鱼免疫分子机制的疾病防治产品创制与示范应用	第六届中国水产学会范蠡科学技术奖科技进步类一等奖
4	淡水鱼主要和新发病毒病诊断和免疫防控技术研究及应用	第六届中国水产学会范蠡科学技术奖科技进步类二等奖
5	罗非鱼新种质创制及链球菌病综合防控关键技术研究与应用	第六届中国水产学会范蠡科学技术奖科技进步类二等奖
6	虹鳟鱼病防治技术规范	2022年度青海省科学技术成果奖
7	虹鳟重大疫病防控技术创制与推广应用	2020—2022年北京市农业技术推广奖二等奖
8	牙鲆高效免疫的细胞与分子基础研究	2022年度山东省自然科学奖二等奖
9	西北内陆盐碱地池塘养殖综合利用技术示范与推广	2022年度甘肃省科技进步二等奖
10	池塘标准化健康养殖技术示范与推广	2022年度吉林省科学技术进步奖三等奖
11	岱衢族大黄鱼养殖产业提升关键技术创新与应用	2021年度宁波市科学技术进步奖一等奖
12	凡纳滨对虾肠道健康调控关键技术研究与推广应用	2022年度中国水产科学研究院科学技术奖二等奖

附录2 《全国动植物保护能力提升工程建设规划（2017—2025年）》启动情况（截至2022年年底）

（1）水生动物疫病监测预警能力建设项目进展情况

序号	项目名称	建设性质	项目建设进展情况
（一）国家级项目（规划2个）			
1	国家水生动物疫病监测及流行病学中心项目	新建	筹备中
2	国家水生动物疫病监测参考物质中心建设项目	新建	已完成
（二）省级项目（规划29个）			
1	天津市水生动物疫病监控中心建设项目	新建	已完成
2	河北省水生动物疫病监控中心建设项目	续建	已完成
3	山西省水生动物疫病监控中心建设项目	新建	已启动
4	内蒙古自治区水生动物疫病监控中心建设项目	新建	已完成
5	辽宁省水生动物疫病监控中心建设项目	续建	已完成
6	吉林省水生动物疫病监控中心建设项目	新建	已完成
7	黑龙江省水生动物疫病监控中心建设项目	新建	已启动
8	上海市水生动物疫病监控中心建设项目	新建	已完成
9	浙江省水生动物疫病监控中心建设项目	续建	已完成
10	安徽省水生动物疫病监控中心建设项目	续建	已完成（待验收）
11	福建省水生动物疫病监控中心建设项目	续建	已启动
12	江西省水生动物疫病监控中心建设项目	续建	已完成
13	山东省水生动物疫病监控中心建设项目	续建	已启动
14	河南省水生动物疫病监控中心建设项目	新建	已完成
15	湖北省水生动物疫病监控中心建设项目	续建	已完成（待验收）
16	湖南省水生动物疫病监控中心建设项目	续建	已完成
17	广东省水生动物疫病监控中心建设项目	新建	筹备中
18	广西壮族自治区水生动物疫病监控中心建设项目	续建	已列入2023年投资计划
19	海南省水生动物疫病监控中心建设项目	续建	已完成
20	重庆市水生动物疫病监控中心建设项目	新建	已完成
21	四川省水生动物疫病监控中心建设项目	续建	已列入2023年投资计划
22	贵州省水生动物疫病监控中心建设项目	新建	已启动
23	云南省水生动物疫病监控中心建设项目	新建	已完成
24	陕西省水生动物疫病监控中心建设项目	新建	已启动
25	甘肃省水生动物疫病监控中心建设项目	新建	已完成
26	青海省水生动物疫病监控中心建设项目	新建	已启动

（续）

序号	项目名称	建设性质	项目建设进展情况
27	宁夏回族自治区水生动物疫病监控中心建设项目	新建	已完成
28	新疆维吾尔自治区水生动物疫病监控中心建设项目	新建	已启动
29	新疆生产建设兵团水生动物疫病监控中心建设项目	新建	筹备中
（三）区域项目（规划46个，其中河北2个、辽宁4个、江苏4个、浙江4个、安徽3个、福建4个、江西3个、山东4个、河南2个、湖北4个、湖南3个、广东4个、广西3个、四川2个）			
1	唐山市水生动物疫病监控中心建设项目	新建	已完成
2	张家口市水生动物疫病监控中心建设项目	新建	已启动
3	锦州市水生动物疫病监控中心建设项目	新建	已完成
4	沈阳市水生动物疫病监控中心建设项目	新建	已完成（待验收）
5	盘锦市水生动物疫病监控中心建设项目	新建	已完成
6	连云港市水生动物疫病监控中心建设项目	新建	已完成
7	金华市水生动物疫病监控中心建社项目	新建	已列入2023年投资计划
8	湖州市水生动物疫病监控中心建设项目	新建	已列入2023年投资计划
9	合肥市水生动物疫病监控中心建设项目	新建	已启动
10	淮南市水生动物疫病监控中心建设项目	新建	已启动
11	福州市水生动物疫病监控中心建设项目	新建	已启动
12	九江市水生动物疫病监控中心建设项目	新建	已完成
13	南昌市水生动物疫病监控中心建设项目	新建	已启动
14	赣州市水生动物疫病监控中心建设项目	新建	已启动
15	东营市水生动物疫病监控中心建设项目	新建	已完成（待验收）
16	滨州市水生动物疫病监控中心建设项目	新建	已完成（待验收）
17	烟台市水生动物疫病监控中心建设项目	新建	已完成（待验收）
18	济宁市水生动物疫病监控中心建设项目	新建	已完成（待验收）
19	信阳市水生动物疫病监控中心建设项目	新建	已完成
20	开封市水生动物疫病监控中心建设项目	新建	已完成
21	黄冈市水生动物疫病监控中心建设项目	新建	已完成
22	武汉市水生动物疫病监控中心建设项目	新建	已完成（待验收）
23	黄石市水生动物疫病监控中心建设项目	新建	已完成
24	宜昌市水生动物疫病监控中心建设项目	新建	已完成（待验收）
25	常德市水生动物疫病监控中心建设项目	新建	已完成（待验收）

（续）

序号	项目名称	建设性质	项目建设进展情况
26	岳阳市水生动物疫病监控中心建设项目	新建	已启动
27	衡阳市水生动物疫病监控中心建设项目	新建	已启动
28	佛山市水生动物疫病监控中心建设项目	新建	已启动
29	汕尾市水生动物疫病监控中心建设项目	新建	已列入2023年投资计划
30	柳州市水生动物疫病监控中心建设项目	新建	已完成（待验收）
31	梧州市水生动物疫病监控中心建设项目	新建	已完成（待验收）
32	钦州市水生动物疫病监控中心建设项目	新建	已启动
33	广元市水生动物疫病监控中心建设项目	新建	已完成
34	内江市水生动物疫病监控中心建设项目	新建	已启动
35	大连市水生动物疫病监控中心建设项目	新建	已完成
36	宁波市水生动物疫病监控中心建设项目	新建	已完成

（2）水生动物防疫技术支撑能力建设项目进展情况

序号	项目名称	依托单位	项目建设进展情况
（一）水生动物疫病综合实验室建设项目（规划5个）			
1	水生动物疫病综合实验室建设项目	江苏省水生动物疫病预防控制中心（江苏省渔业技术推广中心）	已完成
2	水生动物疫病综合实验室建设项目	中国水产科学研究院长江水产研究所	已完成
3	水生动物疫病综合实验室建设项目	中国水产科学研究院珠江水产研究所	已完成
4	水生动物疫病综合实验室建设项目	中国水产科学研究院黄海水产研究所	已启动
5	水生动物疫病综合实验室建设项目	福建省淡水水产研究所	已启动
（二）水生动物疫病专业实验室建设项目（规划12个）			
1	水生动物疫病专业实验室建设项目	浙江省淡水水产研究所	已完成
2	水生动物疫病专业实验室建设项目	中国水产科学研究院南海水产研究所	已完成
3	水生动物疫病专业实验室建设项目	中国水产科学研究院淡水渔业研究中心	已完成
4	水生动物疫病专业实验室建设项目	中国水产科学研究院东海水产研究所	已完成（待验收）
5	水生动物疫病专业实验室建设项目	中国水产科学研究院黑龙江水产研究所	已启动
6	水生动物疫病专业实验室建设项目	天津市水生动物疫病预防控制机构	已启动
7	水生动物疫病专业实验室建设项目	广东省水生动物疫病预防控制机构	筹备中
8	水生动物疫病专业实验室建设项目	中山大学	筹备中
9	水生动物疫病专业实验室建设项目	中国海洋大学	筹备中

（续）

序号	项目名称	依托单位	项目建设进展情况
10	水生动物疫病专业实验室建设项目	华中农业大学	已启动
11	水生动物疫病专业实验室建设项目	华东理工大学	已完成（待验收）
12	水生动物疫病专业实验室建设项目	上海海洋大学	已列入2023年投资计划
（三）水生动物疫病综合试验基地建设项目（规划3个）			
1	水生动物疫病综合试验基地建设项目	中国水产科学研究院黄海水产研究所	筹备中
2	水生动物疫病综合试验基地建设项目	中国水产科学研究院长江水产研究所	筹备中
3	水生动物疫病综合试验基地建设项目	中国水产科学研究院珠江水产研究所	筹备中
（四）水生动物疫病专业试验基地建设项目（规划4个）			
1	水生动物疫病专业试验基地建设项目	中国水产科学研究院东海水产研究所	已完成
2	水生动物疫病专业试验基地建设项目	中国水产科学研究院南海水产研究所	已列入2023年投资计划
3	水生动物疫病专业试验基地建设项目	中国水产科学研究院淡水渔业研究中心	已启动
4	水生动物疫病专业试验基地建设项目	中国水产科学研究院黑龙江水产研究所	筹备中
（五）水生动物外来疫病分中心建设项目（规划1个）			
1	水生动物外来疫病分中心建设项目	中国水产科学研究院黄海水产研究所	筹备中

附录3 2022年发布水生动物防疫相关标准

（1）行业标准

序号	标准名称	标准号
1	病死水生动物及病害水生动物产品无害化处理规范	SC/T 7015—2022
2	水生动物疫病流行病学调查规范	SC/T 7018—2022
3	鲤春病毒血症（SVC）监测技术规范	SC/T 7025—2022
4	白斑综合征（WSD）监测技术规范	SC/T 7026—2022
5	急性肝胰腺坏死病（AHPND）监测技术规范	SC/T 7027—2022
6	水产养殖动物细菌耐药性调查规范 通则	SC/T 7028—2022
7	鱼类病毒性神经坏死病诊断方法	SC/T 7216—2022
8	罗氏沼虾白尾病诊断方法	SC/T 7242—2022
9	鲤浮肿病检疫技术规范	SN/T 5363—2022
10	动物检疫实验室样品管理技术规范	SN/T 5478—2022
11	罗非鱼湖病毒病检疫技术规范	SN/T 5484—2022

（2）地方标准

序号	省份	标准名称	标准号
1	浙江	虾肝肠胞虫核酸检测技术规范	DB33/T 2492—2022
2	河南	鲤浮肿病防控技术规范	DB41/T 2222—2022
3	四川	稻渔综合种养药物安全使用规范	DB51/T 2912—2022

附录4 全国省级（含计划单列市）水生动物疫病预防控制机构状况（截至2023年2月）

序号	省（区、市）	机构名称	备注
1	北京	北京市水产技术推广站（北京市鱼病防治站）	在北京市水产技术推广站加挂牌子
2	天津	天津市动物疫病预防控制中心	具有水生动物疫病预防控制机构职能
3	河北	河北省水产技术推广总站（河北省水生动物疫病监控中心、河北省水产品质量检验监测站）	在河北省水产技术推广总站加挂牌子
4	山西	山西省水产技术推广服务中心	具有水生动物疫病预防控制机构职能
5	内蒙古	内蒙古自治区农牧业技术推广中心	具有水生动物疫病预防控制机构职能
6	辽宁	辽宁省水产技术推广站 辽宁省现代农业生产基地建设工程中心	共同承担辖区内水生动物疫病预防控制机构职责
7	吉林	吉林省水生动物防疫检疫与病害防治中心	在吉林省水产技术推广总站加挂牌子
8	黑龙江	黑龙江省渔业病害防治环境监测中心	在黑龙江水产技术推广总站加挂牌子
9	上海	上海市水产研究所（上海市水产技术推广站）	具有水生动物疫病预防控制机构职能
10	江苏	江苏省渔业技术推广中心（省渔业生态环境监测站、省水生动物疫病预防控制中心、省水产品质量安全中心）	在江苏省渔业技术推广中心加挂牌子
11	浙江	浙江省渔业检验检测与疫病防控中心	在浙江省水产技术推广总站加挂牌子
12	安徽	安徽省水产技术推广总站	具有水生动物疫病预防控制机构职能
13	福建	福建省水生动物疫病预防控制中心	在福建省水产技术推广总站加挂牌子
14	江西	江西省农业技术推广中心	具有水生动物疫病预防控制机构职能
15	山东	山东省渔业发展和资源养护总站 山东省海洋科学研究院 山东省淡水渔业研究院	共同承担辖区内水生动物疫病预防控制机构职责
16	河南	河南省水产技术推广站	具有水生动物疫病预防控制机构职能
17	湖北	湖北省鱼类病害防治及预测预报中心	在湖北省水产科学研究所加挂牌子
18	湖南	湖南省水生动物防疫检疫站	湖南省畜牧水产事务中心内设机构
19	广东	广东省动物疫病预防控制中心（广东省动物卫生检疫所）	具有水生动物疫病预防控制机构职能
20	广西	广西壮族自治区渔业病害防治环境监测和质量检验中心 广西壮族自治区水产技术推广站	共同承担辖区内水生动物疫病预防控制机构职责

（续）

序号	省（区、市）	机构名称	备注
21	海南	海南省水产品质量安全检测中心	在海南省水产技术推广站加挂牌子
22	重庆	重庆市水生动物疫病预防控制中心	在重庆市水产技术推广总站加挂牌子
23	四川	四川省水产局	具有水生动物疫病预防控制机构职能
24	贵州	贵州省水产技术推广站	具有水生动物疫病预防控制机构职能
25	云南	云南省渔业科学研究院	具有水生动物疫病预防控制机构职能
26	陕西	陕西省水生动物防疫检疫中心（陕西省水产养殖病害防治中心）	在陕西省水产研究与技术推广总站加挂牌子
27	甘肃	甘肃省水生动物疫病预防控制中心	在甘肃省渔业技术推广总站加挂牌子
28	青海	青海省水生动物疫病防控中心	在青海省渔业技术推广中心加挂牌子
29	宁夏	宁夏回族自治区鱼病防治中心	在宁夏回族自治区水产技术推广站加挂牌子
30	新疆	新疆维吾尔自治区渔业病害防治中心	新疆维吾尔自治区水产技术推广总站加挂牌子
31	新疆生产建设兵团	新疆生产建设兵团渔业病害防治检测中心	在新疆生产建设兵团水产技术推广总站加挂牌子
32	大连	大连市水产技术推广总站	在大连市海洋发展事务服务中心加挂牌子，具有水生动物疫病预防控制机构职能
33	青岛	青岛市渔业技术推广站	具有水生动物疫病预防控制机构职能
34	宁波	宁波市渔业检验监测与疫病防控中心	在宁波市海洋与渔业研究院（宁波市水产技术推广总站）加挂牌子
35	厦门	厦门市海洋与渔业研究所	具有水生动物疫病预防控制机构职能
36	深圳	深圳市水生动物防疫检疫站	在深圳市渔业发展研究中心加挂牌子

附录5 全国地（市）、县（市）级水生动物疫病预防控制机构情况

序号	省份（区、市）	地（市）级		县（市）级	
		辖区内地（市）级疫控机构数量	其中建设水生动物防疫实验室数量	辖区内县（市）级疫控机构数量	其中建设水生动物防疫实验室数量
1	北京	13	10	0	0
2	天津	12	12	0	0
3	河北	11	3	27	14
4	山西	0	0	0	0
5	内蒙古	12	0	41	6
6	辽宁	6	1	26	22
7	吉林	5	2	23	10
8	黑龙江	12	0	58	22
9	上海	9	2	0	0
10	江苏	13	1	70	46
11	浙江	11	11	80	46
12	安徽	0	2	0	0
13	福建	9	8	70	28
14	江西	3	3	0	0
15	山东	15	11	104	43
16	河南	18	2	20	20
17	湖北	9	5	46	46
18	湖南	1	2	2	37*
19	广东	21	14	88	72
20	广西	14	10	92	43
21	海南	2	2	5	3
22	重庆	0	0	25	15
23	四川	6	3	64	13
24	贵州	5	0	37	6
25	云南	0	0	13	13

（续）

序号	省份（区、市）	地（市）级		县（市）级	
		辖区内地（市）级疫控机构数量	其中建设水生动物防疫实验室数量	辖区内县（市）级疫控机构数量	其中建设水生动物防疫实验室数量
26	陕西	3	0	6	6
27	甘肃	0	0	0	0
28	青海	0	1	0	0
29	宁夏	0	0	9	9
30	新疆	1	1	15	2
31	新疆生产建设兵团	0	0	3	3
32	大连	1	1	6	6
33	青岛	0	0	7	5
34	宁波	1	1	6	6
35	厦门	1	1	0	0
36	深圳	0	0	1	1
合计		214	109	944	506

说明：*标注处实验室数大于机构数，是因为之前国家投资建设了实验室，但是目前机构已经不存在。

附录6 现代农业产业技术体系渔业领域首席科学家及病害岗位科学家名单

序号	体系名称	首席科学家		疾病防控研究室（病虫害防控研究室）		
				岗位名称	岗位科学家	
		姓名	工作单位		姓名	工作单位
1	大宗淡水鱼	戈贤平	中国水产科学研究院淡水渔业研究中心	病毒病防控	周　勇	中国水产科学研究院长江水产研究所
				细菌病防控	石存斌	中国水产科学研究院珠江水产研究所
				寄生虫病防控	李文祥	中国科学院水生生物研究所
				中草药渔药产品开发	谢　骏	中国水产科学研究院淡水渔业研究中心
				渔药研发与临床应用	吕利群	上海海洋大学
				外来物种入侵防控	顾党恩	中国水产科学研究院珠江水产研究所
2	特色淡水鱼	杨　弘	中国水产科学研究院淡水渔业研究中心	病毒病防控	郭长军	中山大学
				细菌病防控	张永安	华中农业大学
				寄生虫病防控	顾泽茂	华中农业大学
				环境胁迫性疾病防控	李文笙	中山大学
				免疫及综合防控	陈善楠	中国科学院水生生物研究所
3	海水鱼	关长涛	中国水产科学研究院黄海水产研究所	病毒病防控	秦启伟	华南农业大学
				细菌病防控	王启要	华东理工大学
				寄生虫病防控	章晋勇	青岛农业大学
				环境胁迫性疾病与综合防控	陈新华	福建农林大学
4	虾蟹	何建国	中山大学	病毒病防控	李　钫	自然资源部第三海洋研究所
				细菌病防控	张庆利	中国水产科学研究院黄海水产研究所
				寄生虫病防控	姜宏波	沈阳农业大学
				靶位与药物开发	李富花	中国科学院海洋研究所
				虾病害生态防控	黄志坚	中山大学
				蟹病害生态防控	郭志勋	中国水产科学研究院南海水产研究所

（续）

序号	体系名称	首席科学家		疾病防控研究室（病虫害防控研究室）		
				岗位名称	岗位科学家	
		姓名	工作单位		姓名	工作单位
5	贝类	宋林生	大连海洋大学	病毒病防控	白昌明	中国水产科学研究院黄海水产研究所
				细菌病防控	宋林生	大连海洋大学
				寄生虫病防控	叶灵通	中国水产科学研究院南海水产研究所
				环境胁迫性疾病防控	李　莉	中国科学院海洋研究所
6	藻类	逄少军	中国科学院海洋研究所	病害防控	李　杰	中国水产科学研究院黄海水产研究所
				有害藻类综合防控	王广策	中国科学院海洋研究所

附录7　第二届农业农村部水产养殖病害防治专家委员会名单

序号	姓名	性别	工作单位	职务/职称
主任委员				
1	李书民	男	农业农村部渔业渔政管理局	一级巡视员
副主任委员				
2	何建国	男	中山大学海洋科学学院	教授
3	战文斌	男	中国海洋大学水产学院	教授
顾问委员				
4	江育林	男	中国检验检疫科学研究院动物检疫研究所	研究员
5	陈昌福	男	华中农业大学水产学院	教授
6	张元兴	男	华东理工大学生物工程学院	教授
秘书长				
7	李　清	女	全国水产技术推广总站	总工程师/研究员
委员（按姓名笔画排序）				
8	丁雪燕	女	浙江省水产技术推广总站	站长/推广研究员
9	王江勇	男	惠州学院	研究员
10	王启要	男	华东理工大学生物工程学院	副院长/教授
11	王桂堂	男	中国科学院水生生物研究所、中国科学院大学	研究员
12	王崇明	男	中国水产科学研究院黄海水产研究所	研究员
13	石存斌	男	中国水产科学研究院珠江水产研究所	研究员
14	卢彤岩	女	中国水产科学研究院黑龙江水产研究所	研究员
15	冯守明	男	天津市动物疫病预防控制中心	副主任/正高工
16	吕利群	男	上海海洋大学水产与生命学院	教授
17	刘　荭	女	深圳海关动植物检验检疫技术中心	研究员
18	孙金生	男	天津师范大学生命科学学院	院长/研究员
19	李安兴	男	中山大学生命科学学院	教授
20	吴绍强	男	中国检验检疫科学研究院动物检疫研究所	副所长/研究员
21	沈锦玉	女	浙江省淡水水产研究所	研究员
22	宋林生	男	大连海洋大学	校长/研究员
23	张利峰	男	中国海关科学技术研究中心	研究员
24	陈　辉	男	江苏省渔业技术推广中心	副主任/研究员
25	陈家勇	男	农业农村部渔业渔政管理局	处长
26	房文红	男	中国水产科学研究院东海水产研究所	处长/研究员
27	秦启伟	男	华南农业大学海洋学院	院长/教授

（续）

序号	姓名	性别	工作单位	职务／职称
28	顾泽茂	男	华中农业大学水产学院	院长助理/教授
29	徐立蒲	男	北京市水产技术推广站	研究员
30	黄　倢	男	中国水产科学研究院黄海水产研究所	研究员
31	黄志斌	男	中国水产科学研究院珠江水产研究所	副所长/研究员
32	龚　晖	男	福建省农业科学院生物技术研究所	研究员
33	彭开松	男	安徽农业大学动物科技学院	水产系副教授
34	鲁义善	男	广东海洋大学水产学院	副院长/教授
35	曾令兵	男	中国水产科学研究院长江水产研究所	研究员
36	鄢庆枇	男	集美大学水产学院	教授
37	樊海平	男	福建省淡水水产研究所	研究员

附录8 全国水产标准化技术委员会第一届水产养殖病害防治分技术委员会委员名单

序号	姓名	性别	工作单位	职务／职称
主任委员				
1	李 清	女	全国水产技术推广总站	总工程师/研究员
副主任委员				
2	何建国	男	中山大学海洋科学学院	教授
3	战文斌	男	中国海洋大学水产学院	教授
秘书长				
4	冯东岳	男	全国水产技术推广总站	处长/正高级农艺师
委员（按姓名笔画排序）				
5	王 庆	女	中国水产科学研究院珠江水产研究所	主任/研究员
6	王 凡	女	福建省水产技术推广总站	高级工程师
7	王江勇	男	惠州学院	研究员
8	王桂堂	男	中国科学院水生生物研究所、中国科学院大学	研究员
9	王高学	男	西北农林科技大学	教授
10	王高歌	女	中国海洋大学	教授
11	方 苹	女	江苏省渔业技术推广中心	研究员
12	孔 健	女	山东大学微生物技术研究院	教授
13	白昌明	男	中国水产科学研究院黄海水产研究所	副研究员
14	冯 娟	女	中国水产科学研究院南海水产研究所	研究员
15	刘 彤	男	大连市现代农业生产发展服务中心	副所长/研究员
16	刘 荭	女	深圳海关动植物检验检疫技术中心	研究员
17	刘 敏	女	东北农业大学	教授
18	李旭东	男	河南省水产技术推广站	科长/高级水产师
19	杨 冰	女	中国水产科学研究院黄海水产研究所	研究员
20	杨质楠	女	吉林省水产技术推广总站	副站长/正高级工程师
21	杨 锐	女	宁波大学	研究员
22	吴 斌	男	福建省淡水水产研究所	副所长/高级工程师
23	沈锦玉	女	浙江省淡水水产研究所	研究员
24	张朝晖	男	江苏省渔业技术推广中心	主任/研究员
25	房文红	男	中国水产科学研究院东海水产研究所	处长/研究员
26	胡 鲲	男	上海海洋大学	主任/教授
27	段宏安	男	中华人民共和国连云港海关	检疫总监/研究员

（续）

序号	姓名	性别	工作单位	职务／职称
28	莫照兰	女	中国海洋大学	教授
29	徐立蒲	男	北京市水产技术推广站	研究员
30	章晋勇	男	青岛农业大学	教授
31	覃映雪	女	集美大学	教授
32	曾令兵	男	中国水产科学研究院长江水产研究所	研究员
33	曾伟伟	男	佛山科学技术学院	教授
34	樊海平	男	福建省淡水水产研究所	研究员

图书在版编目（CIP）数据

2023中国水生动物卫生状况报告/农业农村部渔业渔政管理局，全国水产技术推广总站编. —北京：中国农业出版社，2023.10

ISBN 978-7-109-31093-3

Ⅰ.①2… Ⅱ.①农…②全… Ⅲ.①水生动物－卫生管理－研究报告－中国－2023 Ⅳ.①S94

中国国家版本馆CIP数据核字（2023）第174423号

2023 ZHONGGUO SHUISHENG DONGWU WEISHENG ZHUANGKUANG BAOGAO

中国农业出版社出版

地址：北京市朝阳区麦子店街18号楼

邮编：100125

责任编辑：王金环

版式设计：王　怡　　责任校对：吴丽婷　　责任印制：王　宏

印刷：北京缤索印刷有限公司

版次：2023年10月第1版

印次：2023年10月北京第1次印刷

发行：新华书店北京发行所

开本：889mm × 1194mm　1/16

印张：5.75

字数：150千字

定价：80.00元